ロケットエンジン

中村佳朗 監修／鈴木弘一 著

森北出版

● 本書の補足情報・正誤表を公開する場合があります．当社 Web サイト（下記）で本書を検索し，書籍ページをご確認ください．

https://www.morikita.co.jp/

● 本書の内容に関するご質問は下記のメールアドレスまでお願いします．なお，電話でのご質問には応じかねますので，あらかじめご了承ください．

editor@morikita.co.jp

● 本書により得られた情報の使用から生じるいかなる損害についても，当社および本書の著者は責任を負わないものとします．

JCOPY 〈(一社)出版者著作権管理機構 委託出版物〉
本書の無断複製は，著作権法上での例外を除き禁じられています．複製される場合は，そのつど事前に上記機構（電話 03-5244-5088, FAX 03-5244-5089, e-mail: info@jcopy.or.jp）の許諾を得てください．

監 修 者 序

　本書は，鈴木弘一先生が永年勤務され活躍された石川島播磨重工(株)での仕事を通じて経験修得された技術的な事柄の集大成であり，ロケットの特徴が大変詳細にかつ要点を押さえたかたちで書かれている．その結果，大変読みやすく，学部学生や大学院学生が勉強するのには最適な教科書といえる．また，航空機ではライト兄弟の初飛行から，ロケットではツィオルコフスキーの多段式ロケット理論からほぼ100年が経過した今日，本書が出版されたことは喜ばしいかぎりである．

　ロケットの打上げには失敗がつきまとうが，2003年10月の中国有人宇宙飛行の成功，2004年1月の米国探査機の火星表面への着陸成功，また月開発計画に関する米国ブッシュ大統領のNASAでの演説など，宇宙への関心が最近とみに高まっており，われわれが近々どこかで一気に宇宙へ進出する時代が到来する可能性を示唆している．宇宙に行くためにはそのための乗り物が必要で，それがロケットである．

　本書では，ロケットエンジンに焦点を絞り，化学ロケット(液体ロケット，固体ロケット)と電気推進ロケットが詳細にかつ要領よく述べられている．化学ロケットは伝統的なロケットで，大型の荷物(ペイロード)を打上げるのには必須であり，一方，電気推進に関しては，2003年5月に打上げられた宇宙科学研究所(現宇宙航空研究開発機構)の小惑星探査機ミューゼスC(はやぶさ)は，宇宙推進として画期的なイオンエンジンを使用している．今後，電気推進の開発研究はますます活発化するものと思われる．

　以上述べたように，本書を読めばロケットに関する大筋が把握できるので，学生や技術者のみならずロケットに興味のある人はぜひ一読されることをお勧めする．

2004年3月　　　　　　　　　　　　　　名古屋大学大学院工学研究科

　　　　　　　　　　　　　　　　　　　　　　　教授　中村佳朗

はしがき

　本書は,「宇宙推進工学」を大学で学ぶための教科書あるいは参考書として記述した．大学のどの学年で学ぶかによりいつも問題になるのは,専門基礎科目との兼ね合いである．圧縮性流体力学と熱力学の理解なしに,ロケットのノズル内の流れを理解するのは困難であるが,多くの大学では圧縮性流体力学にたどりつくまえにロケット工学関係の講義がはじまってしまう．このロケットのノズル内の流れはロケット推進原理の基本であるため,講義の初期の段階で行うのが普通である．したがって,ここでは,推進原理に入るまえに簡単な圧縮性流体力学の議論を行っているが,詳しくは流体力学の講義で学んでいただきたい．

　本書はいわゆる「ロケット」そのものの教科書ではない．ロケット推進の教科書として記述している．したがって,ロケット機体の構造やシステムに関しては,別途学んでもらうこととして,ここではロケットを推進させる機構いわゆるロケットエンジンについて詳しく述べている．そのロケットエンジンも液体推進薬によるもの,固体推進剤によるもの,電気エネルギーによるものとすべて記述している．読者はこれにより宇宙推進の原理を把握できるとともに,エンジン設計の基本を学ぶことができるものと信じる．

　宇宙推進の周辺領域は,本学では以下のような講義内容になっている．ロケット本体の機構および世界のロケットの現状や人工衛星の軌道などについては「宇宙工学概論」で与えており,ロケットエンジンや機体の伝熱問題は「熱工学」で履修することができる．

　宇宙時代を迎えて,いままでと異なる学問は何かと考えてみる．宇宙に行ってからの超真空,極低温,無重力のうち前の2項目は,いままでの地上における学問分野でカバーすることが可能である．無重力と宇宙に到達する手段,すなわちロケット推進のみがいままでにない学問分野ということができる．

はしがき　　iii

　本書でとりあげるとくに地表からの打ち上げに使用されるロケットエンジンは極限の容積，重さにより大推力を発生させる原動機であり，その単位容積当たりの熱負荷，燃焼壁の熱流束，タービンおよびポンプの周速は，現在の技術の最高レベルであり，それゆえに学生にとっては学問的に大変面白い分野であると考える．たとえ卒業後，ロケットエンジン関係の職業に就くことができなくても，知的訓練としては大変効果的な学問分野である．しっかりと勉強すれば，将来必ず読者の血肉となるものと信じる．

　第1章で，近代ロケットの始まりとなったV2ロケットとその後の歴史的発展を述べたのち，第2章では，各種ロケットの概説を行いつつその分類について述べる．第3章では，ロケット推進の原理を述べ，あわせて基本パラメータである比推力，質量比などに触れている．第4章では，推力発生のノズル理論について詳説した．なお本章の前段では，理解を助けるため圧縮性流体力学について概説を与えている．以上の準備の後，第5章で液体推進剤の性能，第6章で液体ロケットエンジンシステム，第7章で液体ロケットエンジンの設計について述べる．ここまでで液体ロケットについては一応終了であるが，液体ロケットのみの履修を行う場合には，これに第10章の飛行性能を加えれば十分と考える．

　第8章，第9章は固体ロケット関連で，第8章では，固体ロケットの燃焼速度およびロケットモータの構造について，第9章では，固体ロケット推進剤について述べる．固体ロケットのみ履修する場合には，第1章〜4章までと第8章〜10章を学ぶことを勧める．第10章では，ロケットの飛行解析について概要を述べた．概要ながらエクセルなどのソフトの助けを借りると相当な計算ができることを学んでいただきたい．第11章では，電気推進について触れている．電気推進はこの一項目で一冊の教科書があってもよいくらい発展中の学問であるが，ここではその基本原理を与えている．内容もDCアークジェット，イオンロケット，MPDスラスタと少し欲張っている．とくに本学で実験装置をもっているDCアークジェットについては多少詳しく述べている．

　本書の執筆にあたり，名古屋大学中村佳朗先生の数々の助言と懇切なる監修を得ることができた．わが国航空宇宙工業の中心地で長く教鞭をとられている先生のご指導をいただいたことは，著者の望外の喜びであり，深く感謝申しあ

げます．

　浅学非才を省みず，必要に迫られてこのような教科書をつくったが，内容に誤解や筆不足があるかもしれない．読者諸兄からご一報いただければ幸いである．

　2004年 早春

鈴木弘一

目 次

第1章 ロケットの歴史 …………………………………………… 1
   1.1 世界のロケット ……………………………………………… 1
   1.2 日本のロケット ……………………………………………… 7
   参 考 文 献 …………………………………………………………… 9

第2章 ロケットの分類 …………………………………………… 11

第3章 ロケット推進の原理 ……………………………………… 15
   3.1 ロケットの推力 …………………………………………… 15
   3.2 比 推 力 …………………………………………………… 16
   3.3 特性排気速度 c^* …………………………………………… 17
   3.4 質 量 比 …………………………………………………… 18

第4章 ノズル理論 ………………………………………………… 21
   4.1 圧縮性流体力学 …………………………………………… 21
      (1) 熱と仕事 ………………………………………………… 21
      (2) 内部エネルギー ………………………………………… 21
      (3) 全熱エネルギー (エンタルピー) ……………………… 22
      (4) 比　熱 …………………………………………………… 22
      (5) 状態方程式 ……………………………………………… 23
      (6) 等温変化 ………………………………………………… 23
      (7) 断熱変化 ………………………………………………… 24
      (8) エネルギー方程式 ……………………………………… 24
      (9) 全温, 静温 ……………………………………………… 25

(10) 音　　　速 ··· 25
　　(11) マッハ数 ·· 26
　　(12) 非粘性ガスの管内の流れ ·································· 26
　　(13) ファノ (Fanno) 方程式 (単位面積当たりの流量) ········ 27
　　(14) 縮　小　管 ··· 27
　　(15) 縮小拡大管 (ラバールノズル) ······························ 29
　4.2　ノズルを通る流れ ··· 30
　　(1) 断面積とマッハ数 ··· 30
　　(2) ノズル流出速度 ·· 31
　　(3) 推力および推力係数 ··· 32
　　(4) 特性排気速度 (c^*) ·· 36
　4.3　高度補償型ノズル ·· 37

第5章　液体ロケット推進薬 ·· 44
　5.1　液体推進薬の特性 ·· 44
　　(1) 経　済　性 ··· 44
　　(2) 性　　　能 ··· 44
　　(3) 腐　食　性 ··· 44
　　(4) 爆　　　発 ··· 44
　　(5) 自　然　発　火 ··· 45
　　(6) 比　　　重 ··· 45
　　(7) 蒸　気　圧 ··· 45
　5.2　液体推進薬各論 ··· 47
　　(1) 液体酸素 (O_2) ·· 47
　　(2) 過酸化水素 (H_2O_2) ··· 47
　　(3) 硝酸 (HNO_3) ··· 48
　　(4) 四酸化窒素 (N_2O_4) ··· 49
　　(5) 液　体　水　素 ··· 49
　　(6) 炭　化　水　素 ··· 49
　　(7) ヒドラジン (N_2H_4) ·· 49

5.3	推進薬性能	50
参考文献		54

第6章　液体ロケットシステム　　55

- 6.1　ガス加圧供給サイクル　　55
- 6.2　ターボポンプ供給サイクル　　56
  - （1）　ガス発生器サイクル (Gas Generator Cycle)　　57
  - （2）　タップオフ・サイクル (tap-off cycle)　　58
  - （3）　クーラント・ブリード・サイクル (coolant bleed cycle)　　59
  - （4）　エキスパンダ・サイクル (expander cycle)　　59
  - （5）　二段燃焼サイクル (staged combustion cycle)　　59

第7章　液体ロケットエンジン設計　　62

- 7.1　全体システム　　62
  - （1）　エンジン流量　　62
  - （2）　圧力のバランス　　62
  - （3）　動力のバランス　　63
- 7.2　推力室の設計　　63
  - （1）　燃焼室およびノズルの設計　　63
- 7.3　冷却　　67
  - （1）　再生冷却　　67
  - （2）　フィルム冷却　　68
  - （3）　アブレーション冷却　　69
  - （4）　放射冷却　　69
- 7.4　噴射器の設計　　69
- 7.5　ターボポンプの設計　　72
- 参考文献　　85

第8章　固体ロケット　　86

- 8.1　固体推進剤の燃焼速度　　86
  - （1）　燃焼速度と圧力の関係　　87

（2）燃焼速度と温度の関係 ……………………………………………… 89
　　（3）侵食による燃焼速度の増加 …………………………………………… 89
　　（4）その他の原因による燃焼速度の増大 ………………………………… 90
　8.2　基本性能関係式 ……………………………………………………………… 90
　8.3　推進剤グレイン形状 ………………………………………………………… 93
　8.4　ロケットモータの構造 ……………………………………………………… 95
　8.5　ノズルの構造 ………………………………………………………………… 96
　8.6　ノズル・ジンバリング機構 ………………………………………………… 98
　参　考　文　献 …………………………………………………………………… 101

第9章　固体推進剤 ……………………………………………………………… 102
　9.1　固体推進剤が備えるべき特性 ……………………………………………… 102
　9.2　固体推進剤の構成 …………………………………………………………… 103
　9.3　ダブルベース推進剤 ………………………………………………………… 105
　9.4　コンポジット推進剤 ………………………………………………………… 106
　9.5　固体推進剤の組成と性能 …………………………………………………… 107
　9.6　機械的特性 …………………………………………………………………… 107
　9.7　固体推進剤の製造法 ………………………………………………………… 110
　参　考　文　献 …………………………………………………………………… 111

第10章　飛　行　性　能 ………………………………………………………… 112
　10.1　重力および空気抵抗のない場合の基礎式 ……………………………… 112
　10.2　重力および空気抵抗の影響 ……………………………………………… 114
　10.3　運動の基礎式 ……………………………………………………………… 116
　10.4　基礎式の積分 ……………………………………………………………… 119
　10.5　多段ロケット ……………………………………………………………… 123
　参　考　文　献 …………………………………………………………………… 129

第11章　電　気　推　進 ………………………………………………………… 130
　11.1　電気推進の分類 …………………………………………………………… 130
　　（1）電気推進のミッション ………………………………………………… 133

11.2 電気推進の基本的パラメータ ………………………………………… 133
11.3 DC アークジェット ……………………………………………………… 135
　（1） 推力の測定 ………………………………………………………… 138
　（2） DC アークジェットの性能 …………………………………………… 139
11.4 イオンロケット …………………………………………………………… 142
　（1） 一次元の基本式 ………………………………………………………… 142
　（2） イオンスラスタの分類 ………………………………………………… 144
　（3） 電子衝撃型スラスタ …………………………………………………… 145
　（4） 接触電離型 ……………………………………………………………… 146
　（5） イオンビームの中性化 ………………………………………………… 146
　（6） 加速・減速のコンセプト ……………………………………………… 147
　（7） イオンロケットの性能 ………………………………………………… 147
　（8） わが国の研究の現状 …………………………………………………… 148
11.5 MPD スラスタ …………………………………………………………… 149
　（1） MPD 加速器内の電磁ガスダイナミクス・モデル ………………… 152
　（2） わが国の研究例 ………………………………………………………… 155
　（3） 軌道上での推力測定 …………………………………………………… 156

参 考 文 献 ……………………………………………………………………… 161
索　　　引 ……………………………………………………………………… 162

1 ロケットの歴史

はじめに，ロケットはどのようなニーズから登場してきたのか，その歴史について簡単にふれる．ロケットはそのスタートは兵器であったが，宇宙に人を運ぶという夢を実現できる唯一の乗り物であり，現実に月まで行ってくることができた．その輝かしい過去を振り返ってみたい．

1.1 世界のロケット

固体ロケットは火薬を発明した中国人が兵器として実用したもので，すでに13世紀のころより使われていた．近代ロケットは第二次世界大戦末に実用化されたドイツのV2号ロケットにその基礎をおいている．ドイツは戦時中にフォン・ブラウン (Von Braun) を中心として，直径1.65m，全長14 m，発射時の質量12.5トンの1段式ロケットV2号を開発した．このロケットは，約1トンの弾頭を距離300 kmの地点まで約4 kmの誤差で撃ちこむことができる驚異的な性能を有しており，当時連合国には有効な対抗手段がなかった．V2号は，アルコールと液体酸素を推進薬とする液体ロケットであり，エンジン推力は245 kNでタービン駆動のポンプで推進薬を供給している．ロケットの姿勢と速度を検出するためのジャイロと加速度計を搭載し，姿勢制御にはエンジンの噴流方向を排気かじで変える方式を採用していた．目的地に正確に撃ちこむための誘導制御装置をもっていて，今日の液体ロケットの基本要素をすべて備えていた．人類の歴史において，最初に登場した機械がかくも完璧な機能をもって登場した例を著者は知らない．実にV2号こそ，その後のすべてのロケットの出発点となった記念碑的ロケットである．

ドイツは1933年にこのロケットの開発を開始し，1942年10月3日に，3号機目で初飛行に成功した．1944年9月8日，最初の一機がロンドンに向けて発

射されてから，1945 年 3 月 27 日の最後の発射まで，わずか半年の間に 5400 機以上が欧州大陸の目標に発射されたが，その 85% が成功している．図 1.1 に V2 号ロケットの構成を示す．

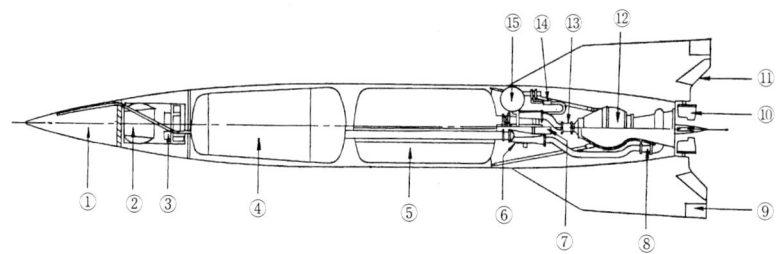

A4 (V2) の構成
① さく薬
② 誘導装置
③ 誘導電波ビームと指令受信機
　（量産した V2 にはない）
④ アルコールタンク
⑤ 液体酸素タンク
⑥ 推進剤供給ターボポンプ
⑦ ターボポンプ駆動ガス排出口
⑧ アルコール主弁
⑨ 空気力かじ
⑩ ジェット板（排気かじ）
⑪ アンテナ（量産した V2 にはない）
⑫ 推進力エンジン燃焼室
⑬ 液体酸素主弁
⑭ ターボポンプ駆動用ガス発生器
⑮ 過酸化水素タンク

図 1.1　V2 号ロケット[1]

この V2 号ロケットの技術は，戦後，米ソ両国に受け継がれ，1957 年 10 月 4 日のソ連によるスプートニク人工衛星の打上げにより，世界はいきなり宇宙時代に突入した．スプートニクは，直径 58 cm，質量 83.6 kg の球形の人工衛星で，超高層大気の密度および温度の計測装置のほかは，20 MHz, 40 MHz の送信機を積んだだけのシンプルな人工衛星であったが，はじめて，宇宙を飛んでいる人工天体からの電波音を聴いた人々の興奮は大変なものであった．ソ連はさらに 1 ヶ月後の 11 月 3 日にライカ犬をのせたスプートニク 2 号を打上げた．スプートニク 2 号は質量 508 kg で，当時米国が計画していたバンガード衛星の 1.47 kg に比べてけた違いの大きさであった．これらの人工衛星を打上げたロケットは，大陸間弾道ミサイル R7 を改良した A ロケットで，全長 29.2 m，第 1 段の補助ロケットのフィンを含めた直径 10.3 m，打上げ時の質量 267

トンという大型ロケットである．ソ連は，このAロケットに第2段を追加したA-1ロケットで，1959年には月探査機ルナを，1961年4月12日には初の有人宇宙船ボストークを打上げ，ユーリ・ガガーリンが人類初の宇宙飛行を行った．

A-1ロケットの第2段を改良したものがA-2ロケットで，1964年から3人乗り宇宙船ボスホートの打上げに使われた．このA-2ロケットは，その後ソユーズ，ソユーズTなどの有人宇宙船のほかに，無人の月探査機，惑星間探査機など一連の宇宙航行機を打上げた．標準化された構成部品の採用によって高信頼性が得られ，1964年から現在まで約1000機も打上げられ，その成功率もきわめて高い．このロケットは，1段サステーナ (sustainer) のまわりに4本のブースタ (booster) を装着し，サステーナ，ブースタとも各4個のノズルを有するというきわめて特徴のある形状をしており，打上げ時にはこれら主エンジンの20個のノズルのほかに，さらに12個の姿勢制御用のノズルからも燃焼ガスが噴射されるという壮観なものである (図1.2)．

図 1.2　A-2号ロケット (ソユーズ)

1957年10月4日，ソ連が人類史上はじめて人工衛星を打上げたとき，米国は多大な衝撃を受けた．ただちに宇宙開発体制を見なおし，当時陸海空3軍でばらばらに実施していた宇宙開発を，航空宇宙局 (NASA) に一本化し，ロケットもソ連同様大陸間弾道ミサイルの転用に踏み切った．ソー，アトラス，タイ

タンIIを宇宙用に改造し，これに対応させた．有人宇宙飛行もソ連に遅れること約10ヶ月で追いつき，その後の立ち直りもはやく米国の底力をみせたというべきであった．米国初の有人宇宙飛行は，1962年2月20日，アトラスロケットによって打上げられたマーキュリカプセルにより，ジョン・グレンが成し遂げた．

マーキュリカプセルを打上げたアトラスロケットは，液体酸素–ケロシンを推進薬とするユニークな1段半のロケットで上昇途中でブースタのエンジンのみを切離す．またその構造も，ステンレススチールの薄板に内圧をかける風船型でロケット外板が推進薬タンクを兼ねるインテグラル構造 (integral type structure) である．ロケットの方向制御も，排気中に可動翼を設けるというロスの多い方式ではなく，エンジンを首振りさせるという新しい方式を取り入れていた．アトラスロケットはのちに，2段に液体酸素–液体水素を使った高エネルギー段セントールを取り付け，アトラス・セントールとして宇宙探査機器の打ち上げに活躍することになる．

図1.3にA–2 ボスホートとマーキュリ・アトラスの比較を示す．

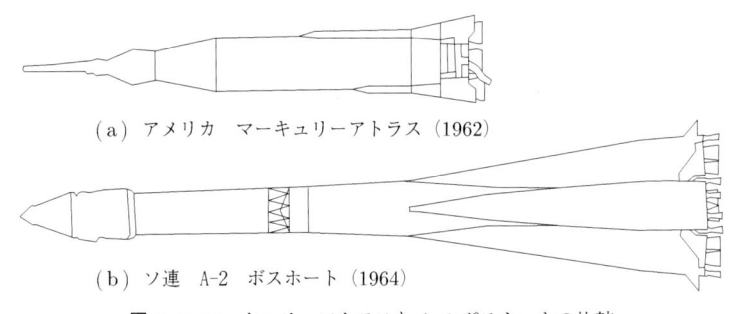

(a) アメリカ　マーキュリーアトラス (1962)

(b) ソ連　A–2 ボスホート (1964)

図 **1.3** マーキュリ・アトラスと A–2 ボスホートの比較

アトラスロケットと同世代のロケットに，ソー，タイタンがある．とくにタイタンIIロケットは，二人乗り宇宙船ジェミニカプセルの打上げに使われた．ソーロケットがアトラスと同じ液体酸素–ケロシンを使っているのに対して，タイタンはミサイルらしく貯蔵型推薬 (storable propellant) N_2O_4–エアロジン50を使っている．一人乗りマーキュリ，二人乗りジェミニを経て，米国はこの後，月に向かうアポロ計画にその全エネルギーを注ぎ込むことになる．

初の人工衛星打上げ，初の有人宇宙飛行など，ことごとくソ連に先を越された米国は，1961年6月，ケネデイ大統領の決断により，「1960年代中に人間を月に送る」と宣言し，アポロ計画をスタートさせた．米国国民上げての努力の結果，1969年7月20日，「アポロ11号」によりアームストロング，オルドリンの二人が人類初の月面着陸を果たし，この宣言は実現し，米国はようやくソ連に対する優位を取り戻した．

アポロ計画に使われたサターンVロケットは，現在まで人類が開発した最大のロケットで，全長111 m，最大直径10 m，打上げ時の質量2940トンという巨大なものである (図1.4)．

サターンVロケットの第1段は，液体酸素–ケロシンを推薬とする5個のF–1エンジンをもち，合計推力34000 kNを発生する．F–1エンジンは1基当たり約6860 kNの推力をもち，現在でも世界最大級のエンジンである．そのノズル出口直径は1.9 mで，横置きにしたノズルの中で，大人一人が立ち上がることができる．第1段は高度62 kmで，上段を速度2.73 km/sまで加速できる．第2段は液体酸素–液体水素を推薬とする高性能なJ–2エンジンを5個搭載し，その総推力は5290 kNで，上段を高度185 kmまでもちあげる．第3段はJ–2エンジン1個を搭載し，アポロ宇宙船に最後の加速を与え，地上190 kmの周回軌道にのせる．第3段は，一定時間後再点火し，アポロ宇宙船を月に向かう軌道にのせる．アポロ宇宙船は，司令船，サービス船，月着陸および離陸船からなる．

アポロ計画終了後，米国は，宇宙活動をより安いコストで運用できるよう再使用型ロケットの検討に取り組んだ．この再使用型ロケットは，当初構想していた完全再使用型ではなく，部分再使用型のスペースシャトルとして1972年，開発に着手された．開発スタート後，主エンジン (SSME) や耐熱タイルの開発が難航し，当初計画より2年遅れて，1981年4月12日，初飛行にこぎつけた．スペースシャトルは図1.5のように2本の固体ロケットをブースタとし，外部推進薬タンクとオービタ (orbiter) よりなるもので，外部推進薬タンクは使い捨て，固体ロケットブースタは海上から回収した後数回再使用する．オービタは，完全再使用をめざしているが，現実にはSSMEやタイルの一部はそのつど点検や取り替えを余儀なくされており，悲願の完全再使用はいまだ実現されて

1. ロケットの歴史

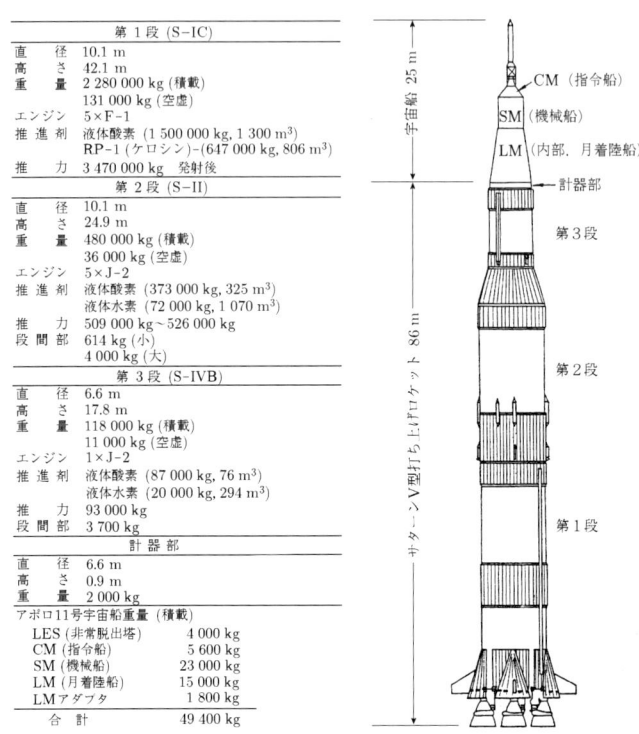

第1段 (S-IC)	
直 径	10.1 m
高 さ	42.1 m
重 量	2 280 000 kg (積載)
	131 000 kg (空虚)
エンジン	5×F-1
推進剤	液体酸素 (1 500 000 kg, 1 300 m³)
	RP-1 (ケロシン)-(647 000 kg, 806 m³)
推 力	3 470 000 kg 発射後

第2段 (S-II)	
直 径	10.1 m
高 さ	24.9 m
重 量	480 000 kg (積載)
	36 000 kg (空虚)
エンジン	5×J-2
推進剤	液体酸素 (373 000 kg, 325 m³)
	液体水素 (72 000 kg, 1 070 m³)
推 力	509 000 kg ~ 526 000 kg
段間部	614 kg (小)
	4 000 kg (大)

第3段 (S-IVB)	
直 径	6.6 m
高 さ	17.8 m
重 量	118 000 kg (積載)
	11 000 kg (空虚)
エンジン	1×J-2
推進剤	液体酸素 (87 000 kg, 76 m³)
	液体水素 (20 000 kg, 294 m³)
推 力	93 000 kg
段間部	3 700 kg

計器部	
直 径	6.6 m
高 さ	0.9 m
重 量	2 000 kg

アポロ11号宇宙船重量 (積載)	
LES (非常脱出塔)	4 000 kg
CM (指令船)	5 600 kg
SM (機械船)	23 000 kg
LM (月着陸船)	15 000 kg
LMアダプタ	1 800 kg
合 計	49 400 kg

図 1.4 サターン V 型打上げロケット (アポロ 11 号用)[1]

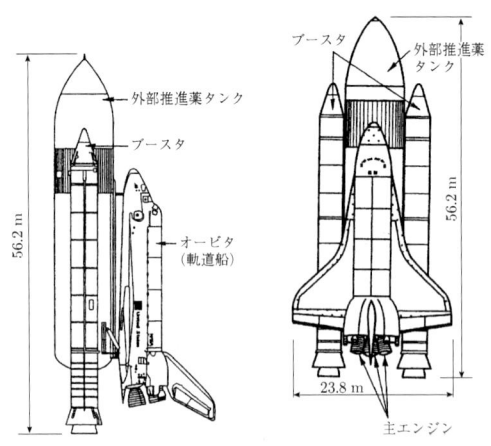

図 1.5 スペースシャトル[2]

いない．SSME は 2 段燃焼サイクル (詳細は第 6 章で述べる) という超高圧サイクルを採用しており，当時の技術水準を大きく超えたエンジンであり，開発時にはたびたび大きな爆発事故を含むトラブルにみまわれたが，現在は順調に運用されている．しかし，難しいエンジンであり，飛行後の詳細点検はやむをえないものである．

1.2 日本のロケット

わが国においては第二次世界大戦後，7 年間，航空関係の研究・開発が禁じられていたが，1952 年，サンフランシスコ講和条約が締結され航空宇宙の研究が再開された．しかし，この間の世界のロケットの進歩は前述のようにめざましく，日本のロケット研究は大きく立ち遅れていた．

日本のロケット開発には，最近まで二つの流れがあった．一つは東京大学生産技術研究所 (のちに文部省宇宙科学研究所) が行った固体ロケットの開発と，もう一つは科学技術庁・宇宙開発事業団が行った液体ロケットの開発である．

生産技術研究所は，1955 年にペンシル型固体ロケットからスタートし，1957 年の国際地球観測年 (IGY) には，K–6 型 (カッパ 6 型) 2 号機による高度 50 km の高層観測に成功した．K–6 型は，第 1 段の直径が 245 mm，第 2 段の直径が 150 mm の 2 段式固体ロケットで，15 kg の観測機器を搭載して約 60 km の高度に到達する能力をもっていた．1970 年には L–4S ロケットでわが国初の人工衛星「おおすみ」を打上げ，翌年には M–4S ロケットで「たんせい」を打上げた．固体ロケット開発はその後も順次改良が進められ，現在は大型ロケット M–V ロケットが運用されている．M–V ロケットは直径 2.5 m，地球低高度への打上げ能力約 2 トンの 3 段式固体ロケットで，宇宙科学観測に使用されている (図 1.6 参照)．

一方，液体ロケット開発は，科学技術庁・宇宙開発事業団により米国からの技術導入により進められた．1970 年，N–I ロケット計画として，わが国初の大型液体ロケットの開発がはじめられたが，N–I ロケット第 1 段は米国のデルタロケットの第 1 段を導入，第 2 段は自主開発，第 3 段および全段の誘導システムはデルタロケットの技術を導入するというものであった．技術導入主体

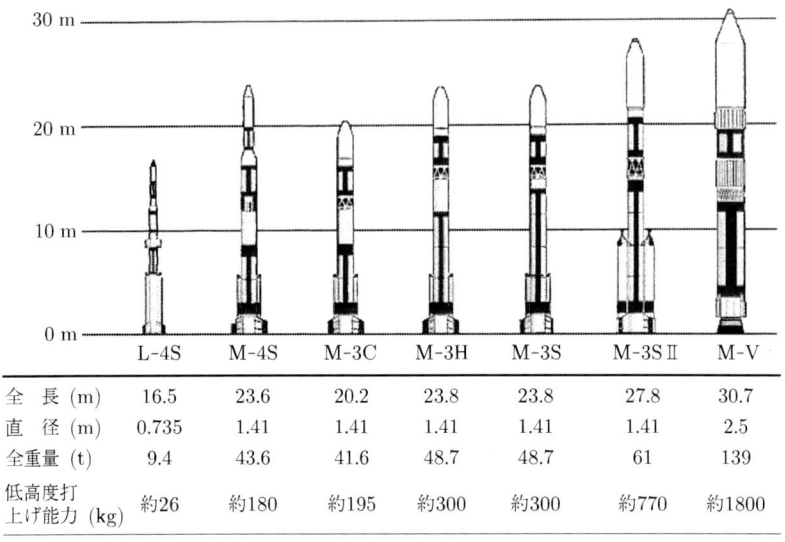

図 1.6 宇宙科学研究所のロケット[3]

	L-4S	M-4S	M-3C	M-3H	M-3S	M-3SⅡ	M-V
全 長 (m)	16.5	23.6	20.2	23.8	23.8	27.8	30.7
直 径 (m)	0.735	1.41	1.41	1.41	1.41	1.41	2.5
全重量 (t)	9.4	43.6	41.6	48.7	48.7	61	139
低高度打上げ能力 (kg)	約26	約180	約195	約300	約300	約770	約1800

であったが，国産部分もあり，わが国ではすべて新しい経験であり当時の若いエンジニアたちは貴重な経験を積んだ．N-Iロケットは，1975年に初飛行に成功し，1977年，3号機が静止軌道に実験衛星「きく2号」を打上げた．静止軌道に衛星を打上げた国として米ソに続いて世界3番目となった．その後2段を当時のデルタロケットと同じものにし，打上げ能力を増強したN-Ⅱロケットに移行した．静止衛星の質量はN-Iロケットの130 kgより350 kgに増大した．N-Iロケットを7機，N-Ⅱロケットを8機，いずれも完璧に打上げて日本のロケットはH-Iロケットに移った．

H-Iロケットは，第1段はNロケットと同じとし，2段の液体酸素-液体水素ステージ，慣性誘導装置および第3段固体ロケットをあらたに自主開発したものである．このH-Iロケットの第2段エンジン (LE-5) はわが国初の液体水素を使用する高性能エンジンで，宇宙開発事業団を中心に官民をあげてその開発に取り組んだ．液体水素製造などの基礎研究から15年，1986年，H-Iロケットはようやく初飛行にこぎつけた．Nロケットについで，H-Iロケットを開発したことにより，わが国の液体ロケット開発能力は格段に向上した．H-Iロ

ケットの静止軌道打上げ能力は 550 kg にアップし，1992 年の 9 号機まで通信衛星，放送衛星，気象衛星および地球観測衛星などの打上げにすべて成功した．

H–Ⅰロケットまでは，米国の技術が入っているため他国の衛星を打上げることができないなど種々の制限があったため，1990 年代に要求される 1～2 トンクラスの静止衛星打上げロケットを，全段わが国の独自技術で開発することになり，1980 年代はじめより，その開発に着手した．H–Ⅱロケットは，2 段式液体酸素–液体水素ロケット本体に大型の固体ロケットブースタを付加したもので，機体直径 4 m，全長 48 m，発射時の質量は 260 トンである．推力 110 トンの液体酸素–液体水素エンジン (LE–7) は，2 段燃焼サイクルという当時の最先端でかつ高効率を狙えるサイクルを採用したが，その分開発に手間どり，当初予定より 2 年遅れて，1994 年 2 月 4 日に初打上げに成功した．この H–Ⅱロケットは大型固体ロケットを含めて，1954 年からはじめたわが国ロケット技術の集大成である．

本書は，ある意味でこの N ロケットから H–Ⅱロケットまでの開発に携わった著者の，後輩に対する開発レポートでもある．図 1.7 に N–Ⅰロケットから，H–Ⅱロケットまでの変遷を示す．

参 考 文 献

[1] 佐貫亦男：ロケット工学，p.49，図 32，p.248，付録・6，コロナ社，1970 年
[2] NASDA NOTE 1999 より作成，(財) 日本宇宙フォーラム，1999 年
[3] 宇宙科学研究所 ホームページより作成，2003 年

10 1. ロケットの歴史

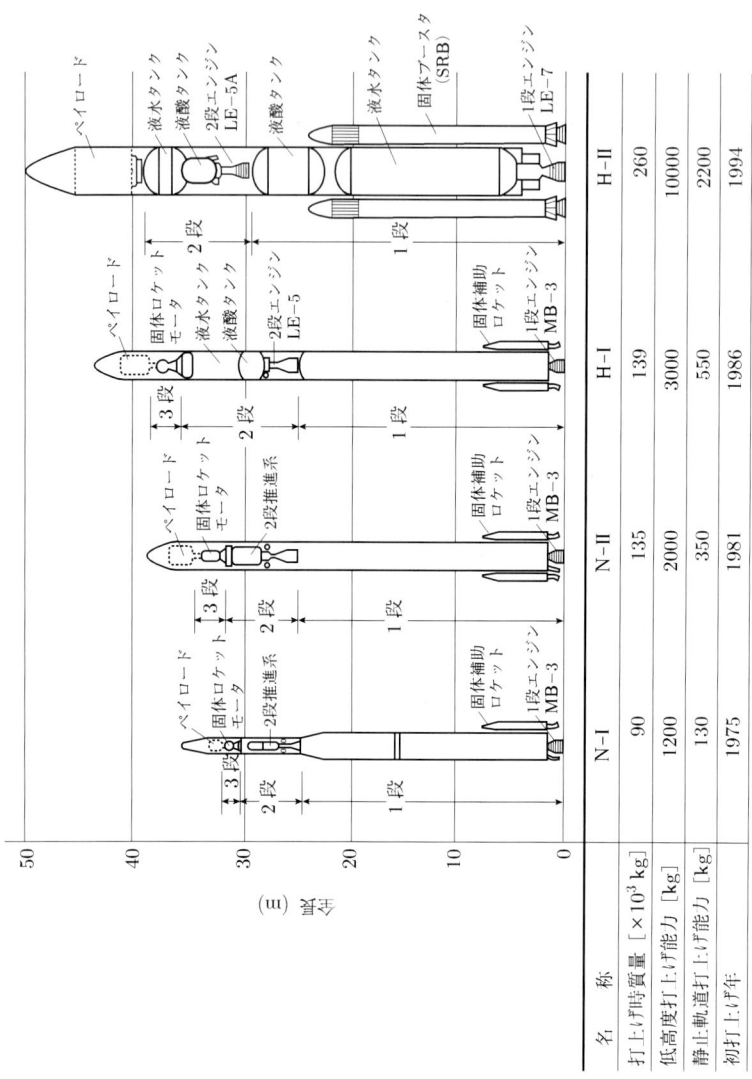

名 称	N-I	N-II	H-I	H-II
打上げ時質量 [×10³ kg]	90	135	139	260
低高度打上げ能力 [kg]	1200	2000	3000	10000
静止軌道打上げ能力 [kg]	130	350	550	2200
初打上げ年	1975	1981	1986	1994

図 1.7 宇宙開発事業団のロケット [2]

2 ロケットの分類

　ロケットを分類する手法はいろいろと考えられるが，エネルギー発生方法と推進剤によるものが一般的である．

　エネルギーの発生方法は，化学エネルギーによるものと，電気エネルギーによるものと，その他の先端的エネルギーを利用するものに分けることができる．化学エネルギーを利用するロケットを化学ロケット，電気エネルギーを利用するロケットを電気ロケットとよぶこととする．化学ロケットの推進剤はロケットに搭載される物質の状態により，液体と固体に区別される．液体推進剤を使うものを液体ロケット，固体状の推進剤を使うものを固体ロケットとよぶ．なお，ここで，液体推進剤を以後(液体)推進薬とよぶこととする．

　図2.1は液体推進薬を使うロケットのうち，推進薬を高圧ガスにより加圧圧送する方式のロケットである．推進薬の酸化剤，燃料は別々のタンクに貯蔵されていて，それらが高圧のガスタンクより減圧して送られてくるガスにより圧送され，それぞれの推進薬弁を通って燃焼室に供給される．このタイプのロケットは構造が簡単であるが，燃焼圧を高めるためには推進薬の貯蔵タンクの耐圧を上げなければならないため重くなってしまう．このため，大型・大推力のロケットには適さない．このタイプのロケットは打ち上げロケットの上段や人工衛星に用いられており，信頼性も高く大いに実用化されている．

　図2.2は推進薬をポンプにより供給する液体ロケットである．推進薬は酸化剤ポンプ，燃料ポンプにより燃焼室に供給される．酸化剤ポンプ，燃料ポンプは図のように同じ軸で駆動される同軸タイプのものと，別々の軸で駆動される2軸タイプのものがある．ポンプを駆動するタービンは，したがって，同軸タイプには一つ，2軸タイプには二つあることになる．タービンを駆動するガスは主燃焼室とは別の小型のガス発生器によりつくられる．なお，このタービンを駆動するガスは，ここに図示したガス発生器以外にもつくる方法があり，詳

12　2. ロケットの分類

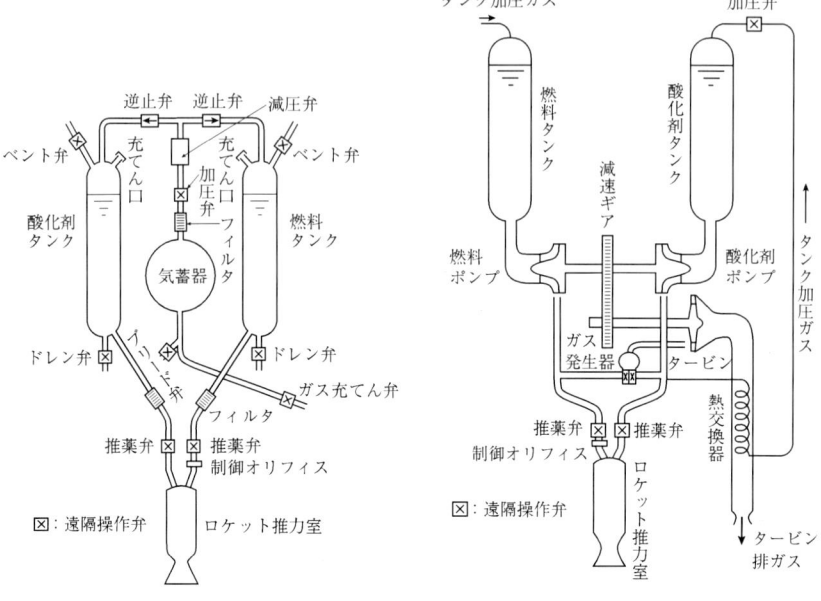

図 2.1　ガス加圧式ロケット　　図 2.2　ポンプ加圧式ロケット

細は第 6 章において述べる．推進薬タンクは，そのままでは推進薬が消費されるに従って減圧してしまうため，図のように熱交換機でガス化した推進薬ガスか，別の気蓄器からのガスにより圧力一定になるように制御される．

　このポンプ供給式のロケットでは，ポンプの供給圧力を上げると容易に燃焼圧力を上げることができるため，大型・大推力のロケットに適している．このため，打上げ用ロケットのほとんどはこのタイプのロケットである．ただし，構造が複雑となるため，高価である．加圧圧送式ロケットに比べ高性能であるため，打ち上げロケットの上段にも広く用いられている．

　図 2.3 は典型的な固体ロケットである．固体ロケットは図に示すようにロケット本体がそのまま燃焼室になっている．燃料，酸化剤はあらかじめ混合・練り合わされて固体状に固められ，燃焼室に充てんされている．固体推進剤の断面は図のように星型になっていることが多いが，これは燃焼速度を制御するためである．固体ロケットは上述したように，ロケット本体が燃焼室になっているため，ロケット本体を燃焼圧力に耐え得るような圧力容器にする必要があ

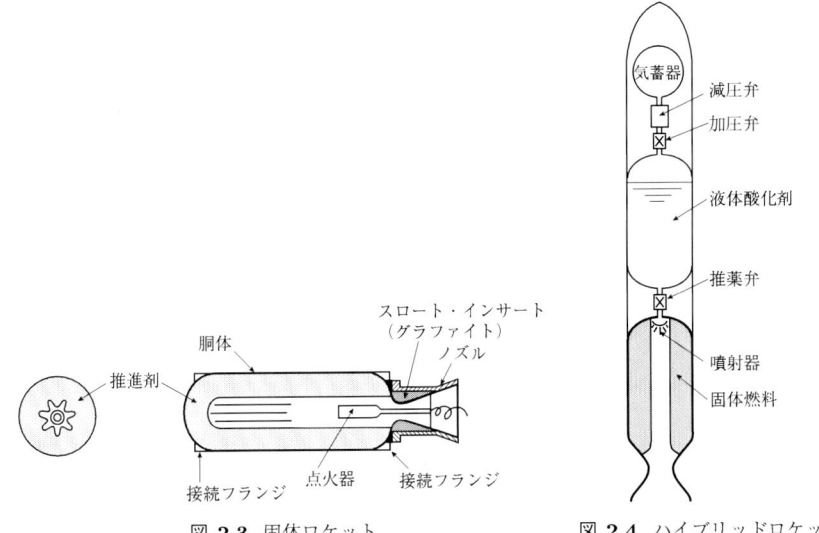

図 2.3　固体ロケット　　　図 2.4　ハイブリッドロケット

る．重量を考えれば，おのずから燃焼圧力の限界があり，したがってロケットの性能は液体ロケットに劣る．しかし，図示のように構造が簡単であり，あらかじめ推進剤が充てんできるため軍用のミサイルに多用されている．そのほかに，短時間に大出力を発生することができるため，打ち上げロケットの補助ブースタとしても用いられている．

　固体ロケットは，いったん点火したら燃焼を止めることが大変困難である．この欠点を是正するため，図2.4のような固体ロケットと液体ロケットを折衷した，ハイブリットロケットというアイデアがある．これは燃料を固体推進剤として燃焼室に充てんしておき，そこに液体酸化剤を噴射するものである．燃焼の中断は液体側の弁を閉じることにより行うものであり，この点で固体ロケットの欠点を除いているといえるが，液体酸化剤をすべての固体燃料の燃焼面に噴射することが難しく，いまだに実用化されていない．

　電気エネルギーを利用するロケットは，さらに電熱を利用するもの，電磁力を利用するもの，静電気力を利用するものと分けることができる．図2.5は，上記のうち電熱を利用するアークジェットスラスタである．上流側の陰極から下流側の陽極に向かい電気アークが飛んでいる．その間を加圧供給されたガス

14　2. ロケットの分類

が通り過ぎるのであるが，ガスはこの間に電気アークにより高温に加熱され，ノズルを通って膨張することにより推力を発生する．

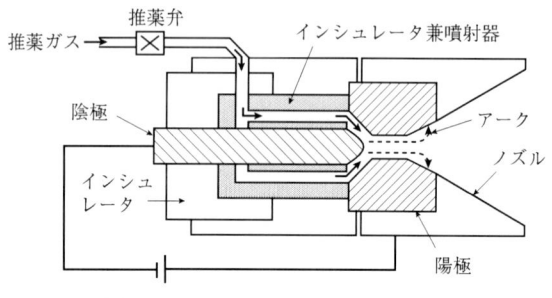

図 **2.5** DC アークジェット・スラスタ

以上の各種ロケットに，若干のその他のロケットを加えて分類すると，図 2.6 のようになる．

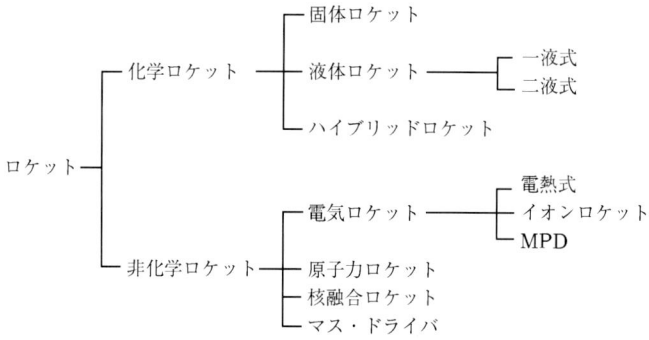

図 **2.6** 宇宙推進方式 (ロケット) の分類

3 ロケット推進の原理

本章では，推力発生の原理と，それにともなう基本的パラメータの定義を行う．本章にでてくる基本的パラメータは，後の章で繰返し使用されるのでその概念をしっかり把握していただきたい．

3.1 ロケットの推力

ロケット推進の原理を運動量理論より説明する．図 3.1 のように物体 (ロケット) から離れた検査面 (control surface) A_1, A_3 をとる．流れは面に垂直，流速は面内で一様とする．物体が流体から受ける力 F は，検査面間の運動量の時間的変化と両面の圧力差の和となる．運動量を M, 断面積を A, 圧力を p で表すと，

$$F = \int_{A_3} dM - \int_{A_1} dM + \int_{A_3} pdA - \int_{A_1} pdA \tag{3.1}$$

となる．この運動量の関係式をロケットに適用してみよう．流入，流出する流体の質量を m, 速度を v とし，ノズル出口面積を A_2 とすると，

$$F = (\dot{m}_3 v_3 + \dot{m}_2 v_2) - \dot{m}_1 v_1 + [p_3(A_3 - A_2) + p_2 A_2] - p_1 A_1$$

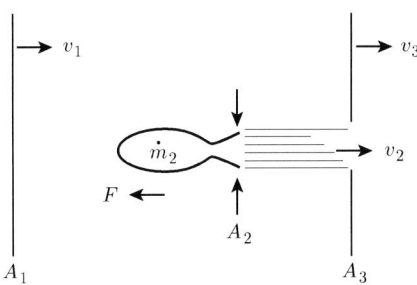

図 **3.1** 推進力の発生

となり，A_2 以外の面積では，

$$\dot{m}_3 v_3 = \dot{m}_1 v_1$$

$$p_3 A_3 = p_1 A_1$$

であるから，

$$F = \dot{m}_2 v_2 + A_2 (p_2 - p_3) = \frac{\dot{w}_2}{g_0} v_2 + (p_2 - p_3) A_2 \tag{3.2}$$

となる．ただし，$\dot{m}$ は質量流量，$\dot{w}$ は重量流量，g_0 は海面上の標準重力加速度 9.807 m/s^2 である．式 (3.2) の第 1 式は SI 単位で，第 2 式は工業単位で表現した推力であり，F の単位は SI 単位では N，工業単位では kgf となる．ここで，

$$F \equiv \dot{m}_2 c \tag{3.3}$$

とおき，有効排気速度 c を定義すると，c は，

$$c = v_2 + \frac{(p_2 - p_3) A_2}{\dot{m}_2} \tag{3.4}$$

となる．有効排気速度 c は，式 (3.3) より推力と流量を計測することにより求めることができる．ノズル出口圧力 p_2 が外気圧 p_3 に等しいときには，c は排気速度 v_2 に等しくなる．ロケットの推力を増大するためには流量を増やすことと有効排気速度 c を増やすことが重要である．c を増やす方法および外気圧との詳細な関係は後述することとする．

3.2 比 推 力

ここで，ロケット性能を評価する基本パラメータである比推力を定義する．まず，ロケットが発生するトータルインパルス (全力積とでも訳すべきであろうが，このまま使うことのほうが多い) I_t は，推力 (時間により変化する) を発生時間すなわち燃焼時間にわたって積分して，

$$I_t = \int_0^t F \, dt \tag{3.5}$$

となる．また，比推力 I_{sp} は，単位推進剤重量当たりのトータルインパルスと定義され，次式となる．

$$I_{sp} = \frac{\int_0^t F\,dt}{g_0 \int_0^t \dot{m}\,dt} \tag{3.6}$$

推力および流量が時間に対してコンスタントであり，かつスタート，カットオフ時のトランジェント状態を無視すると式 (3.5)，(3.6) は，

$$I_t = Ft \tag{3.7}$$

$$I_{sp} = \frac{Ft}{g_0 \dot{m} t} = \frac{F}{\dot{m} g_0} = \frac{F}{\dot{w}} \tag{3.8}$$

となる．ここで，推力 F の単位はニュートン N または kgf であるから，比推力の単位は SI 単位では Ns^3/kgm，工業単位では kgf/kgf/s となり，結局両単位系とも s (秒) となる．単位は秒であるが，実際は単位流量当たりの推力を表しており，ロケットの性能を表す最も重要なパラメータである．比推力は式 (3.3) により，有効排気速度 c に関連づけることもできる．

$$I_{sp} = \frac{c}{g_0} \tag{3.9}$$

燃焼に用いられた推進剤の重量を w とすると，比推力は次のように書き表すこともできる．

$$I_{sp} = \frac{I_t}{w} \tag{3.10}$$

こちらの式の方が，比推力の単位が秒であることが直接的に理解できるかもしれない．

以後，本書では SI 単位を使用することとし，工業単位を用いる場合にはそのつどことわるものとする．

3.3 特性排気速度 c^*

ロケット推進の議論でよく使用される特性排気速度 c^* は次式で定義される．

$$c^* = \frac{p_c A_t}{\dot{m}} \tag{3.11}$$

ここで，p_c は燃焼圧力，A_t はノズルスロート (ノズル喉部) の面積である．この特性排気速度は，c^* (シースター) とよばれる．c^* はロケット推進剤とその

混合比により決まる量で，燃焼器やノズルの形状にはほとんど関係しない．詳細は第5章において述べる．

3.4 質量比

ロケットの質量比 MR は，ロケットの最終状態(エンジンカットオフ時)の質量 m_f を初期状態(エンジンスタート前)の質量 m_0 で割って定義する．

$$\mathrm{MR} = \frac{m_f}{m_0} \tag{3.12}$$

この定義は，単段ロケットにも多段ロケットにも適用できる．多段ロケットの全体の質量比は，第10章で論ずることとする．この質量比は，のちに述べるロケットの飛行性能を算出する際の重要なパラメータとなる．なおわが国では，この質量比を分母分子逆に定義していることもあるので，文献等を読む際には注意していただきたい．質量比と並んで重要なプロペラント・マス・フラクション(推進剤搭載率) ζ を以下に定義する(搭載推進剤の質量を m_p とする)．

$$\zeta = \frac{m_p}{m_0} = \frac{m_0 - m_f}{m_0} = \frac{m_p}{m_p + m_f} \tag{3.13}$$

ここで，

$$m_0 = m_f + m_p \tag{3.14}$$

である．以上より，

$$\mathrm{MR} = 1 - \zeta \tag{3.15}$$

もまた明らかである．プロペラント・マス・フラクションはエンジンスタート時にどれくらいの推進薬を積んでいたかという程度を表しており，この値の大きいロケットほど機体としての性能がよいということになる．

例題 3.1 ロケットが次のような基本パラメータをもっているとき，質量比，推進剤搭載率，流量，推力，初期および最終加速度，有効排気速度，トータルインパルスを求めよ．

　　初期の質量：　　　200 kg
　　燃焼カット時の質量：131 kg

3.4 質量比

燃焼時間： 3.0 秒
平均 I_{sp}： 240 秒

解 質量比：$\mathrm{MR} = \dfrac{m_f}{m_0} = \dfrac{131}{200} = 0.655$

推進剤搭載率：$\zeta = \dfrac{m_0 - m_f}{m_0} = \dfrac{200 - 131}{200} = 0.345$

質量流量：$\dot{m} = \dfrac{m_p}{t} = \dfrac{69}{3} = 23.0 \text{ kg/s}$

推力：$F = I_{sp}\dot{w} = 240 \times 23.0 \times 9.80 = 54096 \text{ N}$

初期加速度：$\alpha_1 = \dfrac{F}{m_0} = \dfrac{54096}{200} = 270.4 \text{ m/s}^2$

最終加速度：$\alpha_2 = \dfrac{F}{m_f} = \dfrac{54096}{131} = 412.9 \text{ m/s}^2$

有効排気速度：$c = I_{sp}g_0 = 240.0 \times 9.80 = 2352 \text{ m/s}$

トータルインパルス：$I_t = I_{sp}w = 240.0 \times 69 \times 9.80 = 162288 \text{ Ns}$

例題 3.2 固体ロケットの海面上の燃焼試験において以下のようなデータが得られた．海面上における推進剤質量流量，ノズル排気速度，特性排気速度，比推力，有効排気速度および高度 20000 m における有効排気速度，比推力を求めよ．ただし，高度 20000 m における大気圧は 0.005529 MPa である．

燃焼時間： 40 秒
試験前の質量： 1200 kg
燃焼後の質量： 200 kg
平均推力： 62000 N
燃焼室圧力： 7.1 MPa
ノズル出口圧力： 0.071 MPa
ノズルスロート直径：0.0855 m
ノズル出口直径： 0.2703 m

解 推進剤質量流量：$\dot{m} = \dfrac{1200 - 200}{40} = 25.0 \text{ kg/s}$

ノズルスロート面積：$A_t = \dfrac{\pi D^2}{4} = \dfrac{\pi \times 0.0855^2}{4} = 0.00574 \text{ m}^2$

ノズル出口面積：$A_2 = \dfrac{\pi D^2}{4} = \dfrac{\pi \times 0.2703^2}{4} = 0.0574 \text{ m}^2$

3. ロケット推進の原理

ノズル排気速度：

$$v_2 = \frac{F}{\dot{m}} - \frac{(p_2 - p_3)A_2}{\dot{m}}$$

$$= \frac{62000 - (0.071 - 0.1013) \times 10^6 \times 0.0574}{25.0} = 2549.5 \text{ m/s}$$

特性排気速度：$c^* = \dfrac{p_c A_t}{\dot{m}} = \dfrac{7.1 \times 10^6 \times 0.00574}{25.0} = 1630.1 \text{ m/s}$

比推力：$I_{sp} = \dfrac{F}{\dot{m} g_0} = \dfrac{62000}{25.0 \times 9.80} = 253.0 \text{ s}$

有効排気速度：$c = I_{sp} g_0 = 253.0 \times 9.80 = 2479.4 \text{ m/s}$

高度 20000 m における気圧は 0.005529 MPa であるから，

有効排気速度：$c = 2549.5 + (0.071 - 0.005529) \times 10^6 \times 0.0574/25.0$

$$= 2699.8 \text{ m/s}$$

比推力：$I_{sp} = \dfrac{2699.8}{9.80} = 275.4 \text{ s}$

4 ノズル理論

　ロケットエンジンのノズルを通して流出するガスの挙動を理解することは，あらゆるロケット工学の基本である．ロケットエンジンは，このノズルからのガスの流れにより推力を生む．これはロケットのタイプによらない．
　本章では，ノズル噴出速度の求め方や性能の推定方法について詳しく述べる．本章を学ぶことにより，ロケットエンジンのガスの流れや膨張について深い理解が得られるものと考える．

4.1 圧縮性流体力学

　ノズル理論に立ち入るまえに，圧縮性流体力学の基礎を学んでおく．ノズル内の流体の挙動を理解することが，ノズルの特性を理解するうえで大変重要となるためである．

（1） 熱と仕事

　ジュールにより明らかにされたように，仕事と熱は同じ概念である．したがって，

$$W = Q \tag{4.1}$$

と書ける．W の単位には Nm，Q の単位には J（ジュール）が使われることが多いが，当然 Nm=J である．工業単位では W の単位は kgfm，Q の単位は kcal であるので，熱量 Q は熱の仕事当量 J = 426.8kgf m/kcal をかけて仕事に変換する必要がある．

（2） 内部エネルギー

　単位質量の流体に dQ なる微小熱量を与えると，一部は流体の体積が変わるときの外部仕事 dW として費やされ，残りは内部エネルギーの増加 de として

蓄えられる．

$$dQ = de + dW \tag{4.2}$$

dW は，圧力 p による体積 v の微小変化によってなされる仕事 pdv であるから，

$$dQ = de + pdv \tag{4.3}$$

となる．

（3） 全熱エネルギー（エンタルピー）

流体の全エネルギーは，内部エネルギーと外部エネルギー (力学的仕事) の和である．外部エネルギーは，流体がその体積 v を保つために周囲の圧力 p を押しのけていることによるエネルギー pv である．そこで，両エネルギーの和を全エネルギー h とし，

$$h = e + pv \tag{4.4}$$

と定義する．これを全微分して，

$$dh = de + pdv + vdp \tag{4.5}$$

となる．ここで，式 (4.3) より $dQ = de + pdv$ であるから，

$$dh = dQ + vdp \tag{4.6}$$

となる．あるガスのエンタルピーとは，そのガスの単位質量に含まれる熱量の合計をいう．

（4） 比　　熱

ある物体の単位質量の温度を dT だけ高める熱量を dQ とすれば，$dQ = cdT$ すなわち，

$$c = \frac{dQ}{dT} \tag{4.7}$$

で表される比例定数 c を比熱といい，単位は kJ/kgK が用いられる．ガスの場合は以下の二つの比熱がともによく用いられる．

$$c_p : 圧力を一定に保って 1\,\mathrm{K} 高めるのに必要な熱量 = \left(\frac{\partial Q}{\partial T}\right)_p \tag{4.8}$$

c_v：体積を一定に保って 1 K 高めるのに必要な熱量 $= \left(\dfrac{\partial Q}{\partial T}\right)_v$

(4.9)

式 (4.8) と式 (4.6) より,

$$c_p = \frac{dh}{dT} \quad \text{これを積分して，} h = c_p T \tag{4.10}$$

となる．式 (4.9) と式 (4.3) より,

$$c_v = \frac{de}{dT} \quad \text{これを積分して，} e = c_v T \tag{4.11}$$

となる．式 (4.4) より，$h = e + pv$ を T について微分すれば,

$$\frac{dh}{dT} = \frac{de}{dT} + \frac{d(pv)}{dT}$$

となる．後述のガスの状態方程式 $pv = RT$ (R はガス常数) を代入すれば,

$$c_p - c_v = R \tag{4.12}$$

となる．ここで，$k = c_p/c_v$ とすると (比熱比とよぶ),

$$c_p = \frac{k}{k-1}R, \quad c_v = \frac{R}{k-1} \tag{4.13}$$

となる．

(5) 状態方程式

単位質量のガスの体積 (比容積) を v，ガス定数を R，単位体積の質量 (密度) を ρ とすると，状態方程式は,

$$pv = RT \quad \text{または} \quad \frac{p}{\rho} = RT \tag{4.14}$$

と表される．ガスの分子量を M' (無次元) とすれば，$R = 8314.3/M'$ であり単位は J/kgK である．

(6) 等温変化

ガスが温度一定で変化する (等温変化) 場合には，式 (4.14) より,

$$pv = \text{const} \quad \text{または，} \frac{p}{\rho} = \text{const} \tag{4.15}$$

となる．

（7） 断熱変化

ガスが外界との間で熱の出入りを遮断して変化する(断熱変化)場合には，式 (4.3), (4.6) において $dQ = 0$ とおいて，

$$pv^k = \text{const} \quad \text{または，} \quad \frac{p}{\rho^k} = \text{const} \tag{4.16}$$

となる．

（8） エネルギー方程式

流体が 1 から 2 に進む間の，エネルギーバランスの式を導く．各パラメータは図 4.1 による．

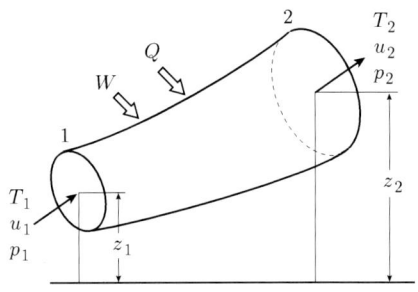

図 4.1 エネルギーの出入りとパラメータの定義

流体が 1 から 2 に進む間に，外部から熱量 Q (J/kg) ならびに仕事 W (Nm/kg) を受ける場合，エネルギーのバランスは，

$$Q + W = (e_2 - e_1) + (p_2v_2 - p_1v_1) + \frac{1}{2}(u_2^2 - u_1^2) + g(z_2 - z_1) \tag{4.17}$$

となる．u は流体の速度 (m/s)，g は重力加速度 9.80 m/s^2 である．式 (4.4) より $h = e + pv$ であるから，

$$Q + W = (h_2 - h_1) + \frac{1}{2}(u_2^2 - u_1^2) + g(z_2 - z_1) \tag{4.18}$$

となり，式 (4.10) より $h = c_p T$ であるから，

$$Q + W = c_p(T_2 - T_1) + \frac{1}{2}(u_2^2 - u_1^2) + g(z_2 - z_1) \tag{4.19}$$

となる．実際の流体がガスの場合には，位置のエネルギー gz はほかの項に比べて無視できることが多い．

$$Q + W = c_p(T_2 - T_1) + \frac{1}{2}(u_2^2 - u_1^2) \tag{4.20}$$

式 (4.13) を用いて,

$$Q + W = \frac{k}{k-1} R(T_2 - T_1) + \frac{1}{2}(u_2^2 - u_1^2) \tag{4.21}$$

(9) 全温, 静温

流速 0, 温度 T_0 の貯気槽状態のガスが途中で熱や仕事を受けないとすると ($W = 0$, $Q = 0$), 式 (4.21) において $T_1 = T_0$, $T_2 = T$, $u_1 = 0$, $u_2 = u$ とおいて,

$$T_0 = T + \frac{1}{R} \frac{k-1}{k} \frac{u^2}{2} \tag{4.22}$$

$$c_p T_0 = c_p T + \frac{u^2}{2} \tag{4.23}$$

となる. この場合, T_0 を全温 (総温), T を静温とよぶ. 式 (4.20) において T_2, T_1 の全温を T_{02}, T_{01} とすれば,

$$Q + W = c_p(T_{02} - T_{01}) \tag{4.24}$$

となり, この式で仕事の供給がない場合 ($W = 0$) には,

$$Q = c_p(T_{02} - T_{01}) \tag{4.25}$$

となる. さらに熱の供給がない場合, すなわち, 断熱流れ ($Q = 0$) の場合には, $T_{02} = T_{01}$ となり全温は不変である. したがって, 1, 2 それぞれの状態で全温は一定で, これを T_0 で表すと,

$$T_{02} = T_{01} = T_0 \tag{4.26}$$

となる. すなわち, 仕事の供給がなくかつ断熱流れの場合には式 (4.26), (4.22) より,

$$T_0 = T + \frac{1}{R} \frac{k-1}{k} \frac{u^2}{2} = \text{const} \tag{4.27}$$

となる. 以上の議論は粘性の有無に関係なく成立する.

(10) 音 速

小圧縮波の伝播する速度は,

$$a \equiv \sqrt{\left(\frac{dp}{d\rho}\right)_s} = \sqrt{k\frac{p}{\rho}} \tag{4.28}$$

式 (4.14) より $p/\rho = RT$, したがって,

$$a = \sqrt{kRT} \tag{4.29}$$

である.

(11) マッハ数

速度 u と音速 a の比をマッハ数とよび, 一般にこれを M で表す.

$$M = \frac{u}{a} = \frac{u}{\sqrt{kRT}} \tag{4.30}$$

(12) 非粘性ガスの管内の流れ

管やダクト内を流れるガスは, 多くは断熱的に流れる. ことにノズルのように短いものを考える場合には, 摩擦損失は少なく非粘性流れと考えてよい. 以下非粘性ガスの温度 T, 圧力 p, 密度 ρ とマッハ数の関係について考える.

(温度, 圧力, 密度とマッハ数)

ガスが流速 0, 温度 (全温) T_0, 圧力 (全圧) p_0, 密度 ρ_0 の状態より出発して, 流速 u, 温度 T, 圧力 p に断熱的に変化したとすれば, エネルギー式 (4.27) より,

$$T_0 = T + \frac{1}{R}\frac{k-1}{k}\frac{u^2}{2} = \text{const}$$

となり, この式に式 (4.30) のマッハ数 $M = u/a$ を代入し, u を消去すると

$$\frac{T}{T_0} = \left(1 + \frac{k-1}{2}M^2\right)^{-1} \tag{4.31}$$

となる. 次に, 非粘性ガスの断熱流れ (等エントロピー流れ) では, 式 (4.16) より,

$$\frac{T}{T_0} = \left(\frac{p}{p_0}\right)^{(k-1)/k} \tag{4.32}$$

$$\frac{p}{p_0} = \left(\frac{\rho}{\rho_0}\right)^k \tag{4.33}$$

となる (粘性ガスの断熱変化では上式 (4.32), (4.33) は成立しないので注意). これらを式 (4.31) に代入して,

$$\frac{p}{p_0} = \left(1 + \frac{k-1}{2}M^2\right)^{\frac{-k}{k-1}} \tag{4.34}$$

$$\frac{\rho}{\rho_0} = \left(1 + \frac{k-1}{2}M^2\right)^{\frac{-1}{k-1}} \tag{4.35}$$

(**13**) **ファノ (Fanno) 方程式 (単位面積当たりの流量)**

断面積 A の管を通るガスの流量 (質量) を $\dot{m}$ とすれば，単位面積当たりの流量は，

$$\frac{\dot{m}}{A} = \rho u = \frac{p}{RT}u = \frac{p}{\sqrt{T_0}}\sqrt{\frac{k}{R}}\frac{u}{\sqrt{kRT}}\sqrt{\frac{T_0}{T}}$$

となる．式 (4.30), (4.31) より，

$$\frac{\dot{m}}{A} = \frac{p}{\sqrt{T_0}}\sqrt{\frac{k}{R}}M\sqrt{1 + \frac{k-1}{2}M^2} \tag{4.36}$$

となり，この式をファノ (Fanno) の方程式とよぶ．断熱変化の場合は，T_0 は一定とみなせるから，T_0, $\dot{m}A$, p を知れば，その位置におけるマッハ数が上式から求めることができる．ファノの式は，粘性，非粘性ともに適用できる．とくに非粘性の場合には，上式に式 (4.34) の p を代入して，

$$\frac{\dot{m}}{A} = \frac{p_0}{\sqrt{T_0}}\sqrt{\frac{k}{R}}M \bigg/ \sqrt{\left(1 + \frac{k-1}{2}M^2\right)^{\frac{k+1}{k-1}}} \tag{4.37}$$

となる．この式は，非粘性ガスのマッハ数を算出するのに使われる．

(**14**) **縮 小 管**

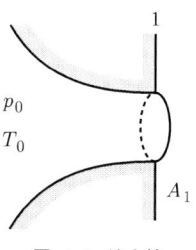

図 **4.2** 縮小管

流速 0，温度 T_0，圧力 p_0 なるガスが図 4.2 の縮小管を通る場合を考える．断面 A_1 における諸要素に 1 の記号をつけると式 (4.37) から，

4. ノズル理論

$$\dot{m} = A_1 \frac{p_0}{\sqrt{T_0}} \sqrt{\frac{k}{R}} M_1 \Big/ \sqrt{\left(1 + \frac{k-1}{2} M_1^2\right)^{\frac{k+1}{k-1}}} \quad (4.38)$$

$$\frac{p_1}{p_0} = \left(1 + \frac{k-1}{2} M_1^2\right)^{\frac{-k}{k-1}} \quad (4.39)$$

となる．この流量には極大値があり $d\dot{m}/dM_1 = 0$ とおくことにより求められる．それによると，

$$M_1 = 1 \quad (4.40)$$

となる．すなわち，A_1 を通る流速がその位置の音速に等しいときに流量が最大となる．この状態を閉塞状態またはチョーク状態という．また，このときの静圧 p_1 を p_t とすれば，式 (4.39) に式 (4.40) を代入して，

$$\frac{p_1}{p_0} \to \frac{p_t}{p_0} = \left(\frac{2}{k+1}\right)^{\frac{k}{k-1}} \quad (4.41)$$

となる．図 4.3 に圧力比 p_1/p_0 と流量の関係を図示する．

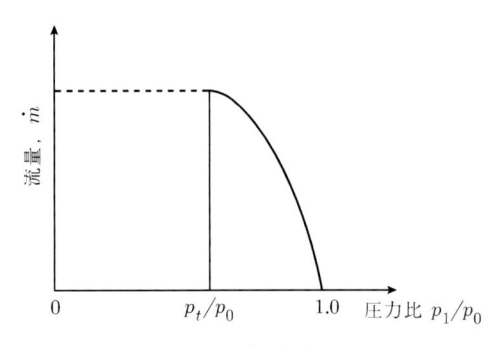

図 4.3 圧力比と流量

　出口静圧 p_1 が p_0 に等しいとき $\dot{m} = 0$ であるが，p_1 が小さくなるにしたがって，$\dot{m}$ がしだいに増し，式 (4.40) を満足する位置 ($M_1 = 1$) で極大になる．p_1 が式 (4.41) に示す値より小さくなることは，相手が真空であってもありえない．マッハ数 M は 1 より大きくならず極大値を保つから，式 (4.38) からわかるように $\dot{m}$ も一定を保つ．

（15） 縮小拡大管 (ラバールノズル)

縮小・拡大管の流れのようすを図 4.4 に示す．拡大管の場合は，拡大管を出たところのガスの圧力 (これを背圧とよぶ) を p_a とすれば，p_a の高低により流れの様子が違ってくる．

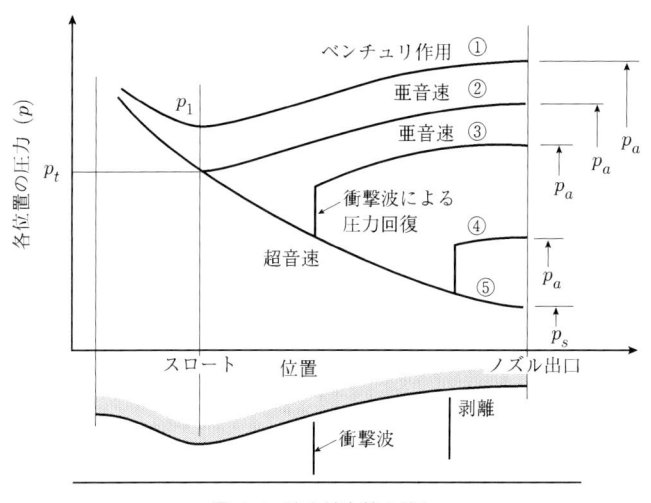

図 4.4 縮小拡大管の流れ

① p_a が p_0 よりわずかに小さい場合，圧力はしだいに下がり，スロート部で最低静圧 p_1 に達し，拡大管でしだいに上昇し p_a に達する．非圧縮流れと類似した流れとなり，縮小拡大管は単なるベンチュリとなる．

② p_a がさらに下がると p_1 が式 (4.41) の値になるまで① の状態が続く．

③ p_a がさらに下がるが，図に示す p_s よりは高い場合には，圧力は拡大管にそってなお下がると同時に，流れは超音速になって進む．あるところにくると圧力が不連続的に上昇し，流れは超音速より亜音速に急変する．いわゆる衝撃波が生ずる．衝撃波の後ろでは，亜音速流により緩やかに圧力が回復し，出口で p_a に等しくなる．

④ 衝撃波の後ろで流れが剥離した場合には，亜音速流による圧力回復はなく，出口圧力と同じになる．

⑤ p_a がさらに下がり p_s に等しくなると衝撃波は消える (p_s はノズルの適性出口圧力).

⑥ p_a が p_s より低くなると圧力差 $(p_s - p_a)$ の運動エネルギーの変換は拡大管を出てからも続き，管内の流れは p_a によって変わらなくなる．

4.2 ノズルを通る流れ

(1) 断面積とマッハ数

縮小・拡大している，いわゆるラバールノズルにおける流れでは，断面積とマッハ数は，等エントロピーを仮定すると，次のような非常に簡単な関係となる．

$$\frac{A_2}{A_1} = \frac{M_1}{M_2} \sqrt{\left\{ \frac{1 + \dfrac{k-1}{2}M_2^2}{1 + \dfrac{k-1}{2}M_1^2} \right\}^{\frac{k+1}{k-1}}} \quad (4.42)$$

ここで，添字 1，2 は流管中の位置を表している．この式は式 (4.37) より $\dot{m}$ 一定として容易に求めることができる．A_1 をスロートとして (したがって，$M_1 = 1$) 断面積比とマッハ数の関係を図 4.5 に示す．

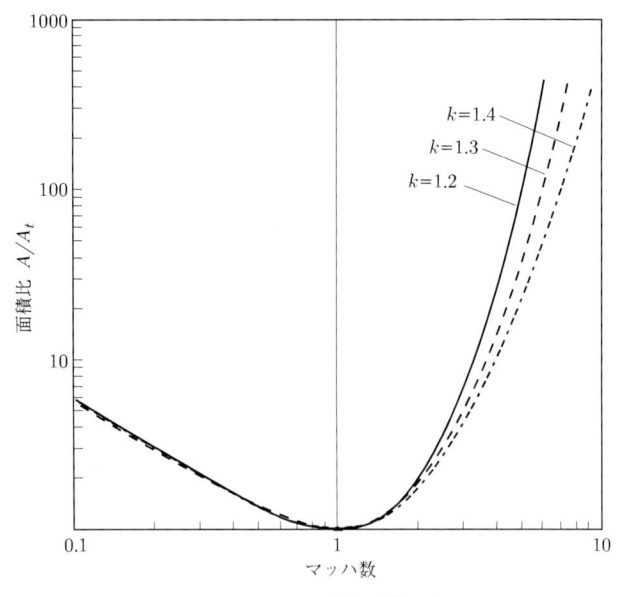

図 4.5 マッハ数と面積比

（2） ノズル流出速度

以下，流体は非粘性，断熱として取り扱う．すなわち，等エントロピー流れの仮定のもとに議論を進めるものとする．

ノズル入口を 1，出口を 2 の添字で表す．ノズル出口速度 u_2 は，式 (4.18) において断熱，および外部からの仕事も受けないとし，かつ位置のエネルギーも微小のため省略すると，

$$u_2 = \sqrt{2(h_1 - h_2) + u_1^2} \tag{4.43}$$

となる．等エントロピー流れを仮定しているから，式 (4.32)，および式 (4.13) より，

$$u_2 = \sqrt{\frac{2k}{k-1}RT_1\left[1-\left(\frac{p_2}{p_1}\right)^{\frac{k-1}{k}}\right] + u_1^2}$$

となる．ノズル入口の流速は微小であり，省略することができる．また T_1，p_1 は貯気槽状態に等しいので，上式は，

$$u_2 = \sqrt{\frac{2k}{k-1}RT_0\left[1-\left(\frac{p_2}{p_0}\right)^{\frac{k-1}{k}}\right]} \tag{4.44}$$

となる．ここで，ガス定数 R は一般ガス定数 R' を分子量 M' で割ったものであるから，$R = R'/M'$ より，

$$u_2 = \sqrt{\frac{2k}{k-1}\frac{R'}{M'}T_0\left[1-\left(\frac{p_2}{p_0}\right)^{\frac{k-1}{k}}\right]} \tag{4.45}$$

となる．一般ガス定数 R' は，$R' = 8314.3$ J/kgK である．これにより，ノズルからの噴出速度を増すには分子量の小さいガスを用いること，T_0 を上げること，圧力比 p_0/p_2 を上げることが必要であることがわかる．式 (4.45) の u_2 は，ノズル出口圧力が外気圧に等しくなる最適膨張比のとき，有効排気速度 c に等しくなり I_{sp} に直接関連してくる．圧力比と温度の I_{sp} に対する影響を図 4.6 に示す．後述するが，エンジン性能を上げるため，燃焼温度の高くなる混合比を選ぶ理由がここにある．

ロケットノズルは，いわゆる縮小拡大管となっている．この縮小拡大管は，初期の研究者の名前をとって，しばしばラバール (De Laval) ノズルとよばれ

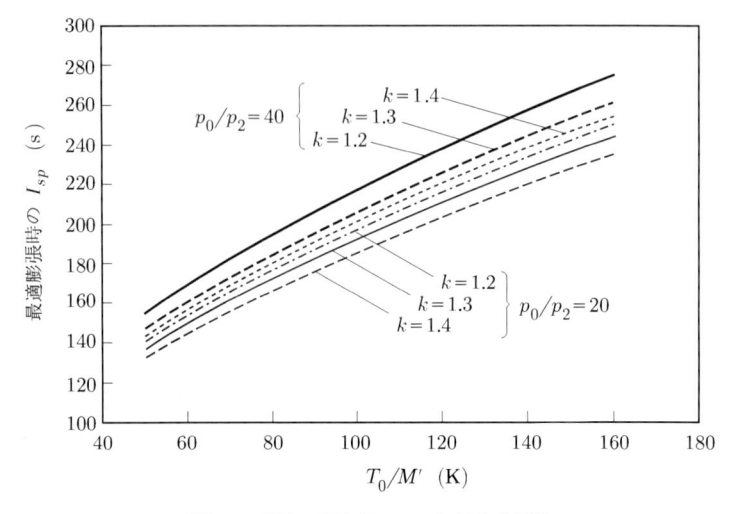

図 4.6 温度，圧力比の I_{sp} に対する影響

る．このラバールノズルの作動状態については，4.1 節の (15) で説明した．ラバールノズルが，超音速状態で作動しているときには，喉部 (スロート) でのマッハ数は 1 となり流量は上流側のパラメータで決定される．すなわち，式 (4.38) で $M_1 = 1$ とおいて，

$$\dot{m} = \frac{A_t p_0}{\sqrt{RT_0}} \sqrt{k \left(\frac{2}{k+1} \right)^{\frac{k+1}{k-1}}} \quad (4.46)$$

となる．ここで，添字 t はスロートを表している．

（3）推力および推力係数

ロケットエンジンにはたらく推力は具体的にどこにかかるのか？ それは構造設計者にとっては重要な問題である．エンジン (というより推力室) にかかる力は，推力室壁の内外圧力差を軸方向に積分して求められる．式で表現すると，

$$F = \int p \, dA \quad (4.47)$$

となる．ここで，p は圧力差であり，積分は軸方向のみの面積積分を表す．図 4.7 で概略を説明すると，ノズル部分ではスロート下流で圧力が急激に下がるため推力による荷重は小さいが，相手が真空の場合には無視できないオーダになる．噴射器 (インジェクター) に左向きにかかる力と，ノズルにかかる力の和

4.2 ノズルを通る流れ

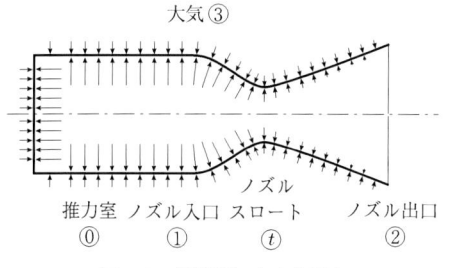

図 4.7 推進室にかかる圧力

から推力室の縮小部に右向きにかかる力を引いて，大部分の推力室にはたらく力を求めることができる．すなわち，推力のほとんどはインジェクター面にかかることになるから，ここからエンジン推力マウント，機体への力をどのように伝えていくかが，構造設計のポイントとなる．

推力は第3章で求めたように，噴出速度と質量流量でも表現できる．もう一度書くと，

$$F = v_2 \dot{m} + (p_2 - p_3)A_2 \tag{4.48}$$

真空中では $p_3 = 0$ となるから，上式は，

$$F = v_2 \dot{m} + p_2 A_2$$

と簡単な表現となる．

式 (4.48) は，推力が高度により変わることを示唆している．外気圧 p_3 は高度により変化するが，その詳細は航空宇宙工学便覧等を参照していただきたい．

ロケットエンジンの推力室はほとんど超音速状態で作動している．したがって，スロートはチョーク状態となるから，その流量は式 (4.46) で規定される流量となる．式 (4.46) と式 (4.44) の噴出速度を，式 (4.48) に代入すると，

$$F = A_t p_0 \sqrt{\frac{2k^2}{k-1}\left(\frac{2}{k+1}\right)^{\frac{k+1}{k-1}}\left[1-\left(\frac{p_2}{p_0}\right)^{\frac{k-1}{k}}\right]} + (p_2 - p_3)A_2 \tag{4.49}$$

となる．推力はスロート面積，推力室圧力，ノズル圧力比に関する項とノズル出口の圧力差に比例する項の和であることがわかる．推力係数は推力と推力室

圧力，スロート面積の比として以下のように定義される．

$$F = C_F A_t p_0 \tag{4.50}$$

式 (4.49) より推力係数 C_F は，

$$C_F = \sqrt{\frac{2k^2}{k-1}\left(\frac{2}{k+1}\right)^{\frac{k+1}{k-1}}\left[1-\left(\frac{p_2}{p_0}\right)^{\frac{k-1}{k}}\right]} + \frac{p_2 - p_3}{p_0}\frac{A_2}{A_t} \tag{4.51}$$

となる．推力係数は圧力比，比熱比 k，ノズル出口圧力，大気圧およびノズル面積比の関数であることがわかる．p_3/p_0 一定で (すなわち，外気圧一定で) A_2/A_t を横軸に C_F を描いてみる．A_2/A_t が大きくなるに従って，p_2/p_0 が小さくなっていくため C_F のモーメンタム項である根号部は漸増する．これに対して，C_F の圧力項は，p_2/p_0 が p_3/p_0 に一致するまで正であるが，p_2/p_0 が p_3/p_0 より小さくなると負に転ずる．したがって，$p_2/p_0 = p_3/p_0$ が C_F の最大値を与える条件になる．その様子を図 4.8 に示す．

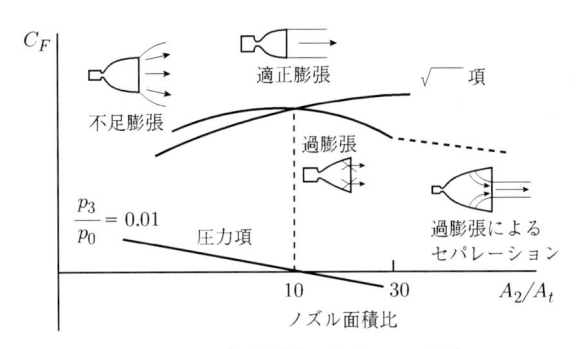

図 4.8　ノズル面積比による C_F の変化

例として $k = 1.30$，$p_3/p_0 = 0.01$ の値をとった．この場合，面積比 10 で p_2/p_0 が概略 0.01 となるため，この点で C_F は最大となる．この点を過ぎると C_F は下降していき，面積比 30 で流れが剥離することにより，C_F の曲率が変わり，図のようなフラットな曲線となる．面積比 10 までは不足膨張であり，流れはノズルを出た後も図のように膨張していく．面積比 10 で適正膨張になり，流れはノズル軸に平行に流出する．面積比 10 を超えると過膨張となり，下がり過ぎた圧力を外側の圧力と等しくするために斜め衝撃波が生じ流れは衝撃波

面で図のように内向する．だいたい，面積比 30 付近で，流れが剥離してしまうため，これ以上面積比を上げても，C_F は面積比にあまり反応しなくなり，上述のようにフラットな曲線となる．

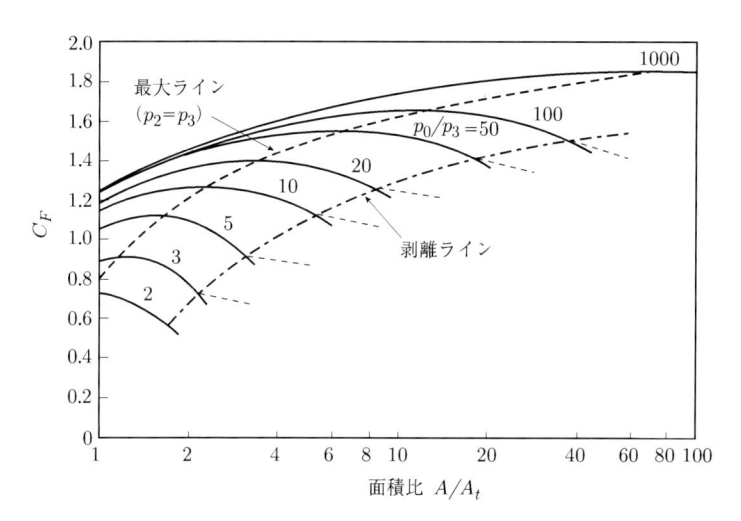

図 4.9 $k = 1.2$ におけるノズル面積比と C_F

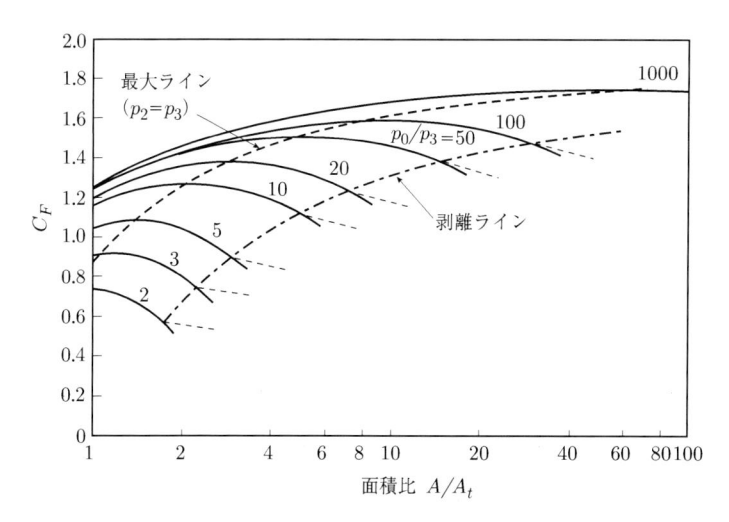

図 4.10 $k = 1.3$ におけるノズル面積比と C_F

36　4. ノズル理論

以上の関係を p_0/p_3 をパラメータとして描いてみると図 4.9, 図 4.10 のようになる. 図 4.9 は $k=1.2$ の場合, 図 4.10 は $k=1.3$ の場合である.

実際のロケットエンジンのノズル面積比は固定されていることが多いから, ノズルは打上げ時には過膨張状態から, 上昇するに従って適正膨張になり, やがて不足膨張となる. それに従って C_F も変わっていく. このため, ロケットの上昇性能計算には可変 C_F を使わなければならないが, 簡便な計算をする場合には, エンジンスタート時とカット時の間の平均 C_F を (したがって平均 I_{sp} を) 使うことが多い.

多段ロケットでは, 上段になるほどノズル面積比を大きくとる. ノズル面積比を大きくとるが, 上昇していくに従ってどんどん外気圧が下がるため, 結局はどのノズルも不足膨張になり, 表 4.1 のような作動状態になる. この上段のエンジンを地上で燃焼試験をしたときには, 今度は過膨張となり, 右の図のような作動状態となる. したがって, 上段エンジンの適正膨張における性能を正確に把握するためには, エンジンまわりの圧力を上空と等しくするためのエゼクタを設置した高空燃焼試験設備 (High Altitude Test Stand, HATS) が必要となる.

表 4.1　多段ロケットの作動状態

ステージ	A_2/A_t	進行中	高度	地上燃焼試験	
初段	6		低高度		適正膨張
2 段	60		中高度		過膨張, 内向きの流れとなる
3 段	100		高々度		過膨張, 剥離流となる

（4）特性排気速度 (c^*)

特性排気速度は第 3 章で定義した. 再度記述すると,

$$c^* = \frac{p_0 A_t}{\dot{m}} \tag{4.52}$$

式 (4.50) を用いて $p_0 A_t$ を消去すると，

$$c^* C_F = \frac{F}{\dot{m}} = I_{sp} g_0 \tag{4.53}$$

となり，I_{sp} が c^* と C_F の積で表される．c^* はまた式 (3.9) より，

$$c^* = \frac{I_{sp} g_0}{C_F} = \frac{c}{C_F} \tag{4.54}$$

である．式 (4.52) のに式 (4.46) を代入すると，

$$c^* = \frac{\sqrt{RT_0}}{\sqrt{k[2/(k+1)]^{\frac{k+1}{k-1}}}} \tag{4.55}$$

となる．これにより，c^* は k，T_0 および R (したがって，分子量) の関数であることがわかる．これらは，推進薬およびその混合比により変わるが，ノズルの特性，すなわちノズル面積比や圧力比に無関係となる．c^* は燃焼器における燃焼過程のみに関係する．この性質はロケットの設計にはかなり便利であり，ロケット設計者は，c^* と C_F により燃焼器とノズルの設計を分離して考えることが可能となる．

4.3 高度補償型ノズル

前節までの議論において，ノズル形状はベル型またはコニカル型の固定ノズルを仮定している．したがって，たいていのノズルは，地表を離れる際には過膨張となっており，ノズル内面で剥離を起こしている．このため，離陸直後の C_F は低い．このような欠点を補うため，図 4.11 のような高度補償型のノズルが考えられている．

図の左のコーン型，ベル型を除くその他のノズルは，アニュラノズル (annular nozzle) とよばれ，ガスはアニュラー状に流れる．このようにすることにより，低高度においても流れはノズル壁面より剥離することがなく，したがって，低高度における C_F はコーン型，ベル型に比べて良好である．なお，E–D ノズルは expansion-deflection の略である．各図は，推力レベル，ノズル面積比を同じとして，全体の大きさを比較している．なお，アニュラー型ノズルの面積比 ε は次式で定義される．

$$\varepsilon = \frac{A_e - A_p}{A_t} \tag{4.56}$$

38 4. ノズル理論

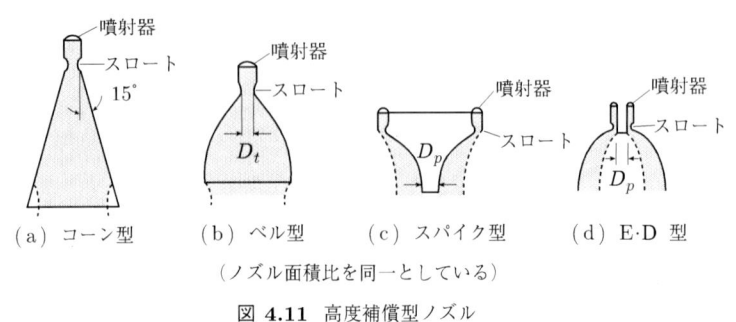

図 4.11 高度補償型ノズル

(a) コーン型　(b) ベル型　(c) スパイク型　(d) E·D 型
（ノズル面積比を同一としている）

ここで，A_e はノズル出口面積，A_p はスパイクなどの断面積，A_t はスロート面積である．

　アニュラー型推力室は，コーン型やベル型と異なり，燃焼室を出るガスは必ずしも機軸方向に出る必要がないため，図のように，全長の短い推力室とすることができる．このことは，エンジンの重量のみならず，その外側の機体の長さも短くできるため，機体重量も軽くできる効果がある．

　次に，このアニュラー型ノズルの流動状態を調べる．E–D ノズルの例を図 4.12 に示す．高度が低いときには，左図のようにノズル内側の流れは自由流れとなり，外部流体との間に自由流境界面を形成する．この自由流境界面は，ロケットの上昇により外部圧力が減少するに従って中心軸方向に移動し，最終的には右図のような状態になる．この作動状態において，流れは一度もノズル壁面を離れることがないため，コーン型やベル型に比べ，とくに低高度で C_F が劣化しない原因となっている．

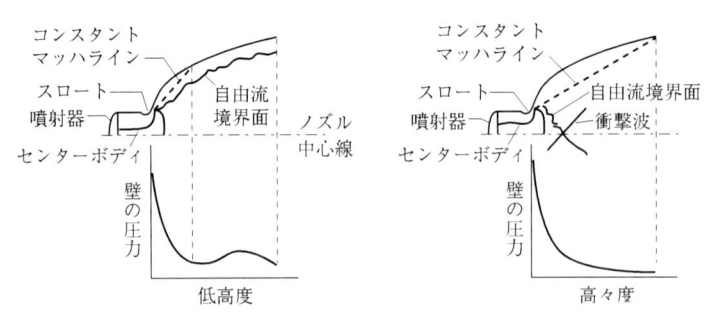

図 4.12 E–D ノズルの動作状態

4.3 高度補償型ノズル

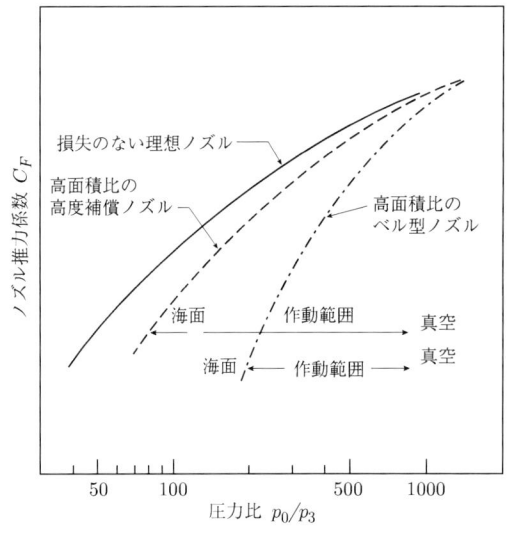

図 4.13 ノズル性能の比較

　高度補償型ノズルと通常のノズルの C_F を定性的に比較してみたのが図 4.13 である．横軸は圧力比 p_0/p_3，縦軸は C_F で目盛は参考値であるため省略する．理想ノズルとは各圧力比において適性膨張をするノズル (がつくれたとして) の性能である．図のように，高度補償型ノズルは，圧力比が小さい範囲でベル型に比べ性能がよいことが理解できる．このようなノズルは，アイデアとしては昔から知られていたが，冷却の難しさがあるため，いまだに実用化されていない．

例題 4.1　ある理想ロケットノズル (理想ノズルとはノズル出口圧力が周囲の大気圧に等しい状態をいう) が海面上で作動している．噴出ガスの比熱比 $k = 1.30$，出口マッハ数 $M_2 = 2.2$ のとき，必要な燃焼圧力およびノズル面積比を求めよ．ただし，海面上の大気圧力は $0.1013\,\mathrm{MPa}$ である．

解　理想ノズルではノズル出口圧力 p_2 は，周囲の大気圧と等しいから，式 (4.39) により燃焼圧 p_0 は，

$$p_0 = p_2 \left(1 + \frac{k-1}{2} M_2^2\right)^{\frac{k}{k-1}}$$

$$= 0.1013 \times 10^6 \times \left(1 + \frac{1.30-1}{2} \times 2.2^2\right)^{\frac{1.30}{1.30-1}} = 1.078 \text{ MPa}$$

ノズル面積比は式 (4.42) において,添字1をスロートと読みかえて求めることができる.したがって $M_1 = M_t = 1.0$ とおいて,

$$\frac{A_2}{A_1} = \frac{1}{M_2}\sqrt{\left(\frac{1+\dfrac{(k-1)M_2^2}{2}}{1+\dfrac{(k-1)}{2}}\right)^{\frac{k+1}{k-1}}}$$

$$= \frac{1}{2.2}\sqrt{\left(\frac{1+0.15 \times 2.2^2}{1+0.15}\right)^{\frac{2.30}{0.30}}} = 2.15$$

例題 4.2 燃焼圧力 $p_0 = 6.86$ MPa,燃焼温度 $T_0 = 3000$ K,流量 $\dot{m} = 300.0$ kg/s のロケットエンジンが海面上で作動している.理想ノズルとしてノズル出口のガス密度,温度,流出速度,出口面積,マッハ数および推力,比推力を求めよ.ただし,噴出ガスの比熱比 $k = 1.22$, $c_p = 2.193$ kJ/kgK, $R = 396.0$ J/kgK,海面上の大気圧 $p_3 = 0.1013$ MPa とする.

解 燃焼室における密度 ρ_0 は状態方程式 (4.14) から,

$$\rho_0 = \frac{p_0}{RT_0} = \frac{6.86 \times 10^6}{396.0 \times 3000} = 5.774 \text{ kg/m}^3$$

ノズル出口における密度 ρ_2 は式 (4.33) から

$$\rho_2 = \rho_0 \left(\frac{p_2}{p_0}\right)^{\frac{1}{k}} = 5.774 \times \left(\frac{0.1013}{6.86}\right)^{\frac{1}{1.22}} = 0.1823 \text{ kg/m}^3$$

ノズル出口温度 T_2 は,式 (4.32) から

$$T_2 = T_0 \left(\frac{p_2}{p_0}\right)^{\frac{k-1}{k}} = 3000 \times \left(\frac{0.1013}{6.86}\right)^{\frac{1.22-1}{1.22}} = 1402.6 \text{ K}$$

流出速度 v_2 は,式 (4.44) から

$$v_2 = \sqrt{\frac{2k}{k-1}RT_0\left[1-\left(\frac{p_2}{p_0}\right)^{\frac{k-1}{k}}\right]}$$

$$= \sqrt{\frac{2 \times 1.22}{1.22-1} \times 396.0 \times 3000 \times \left[1-\left(\frac{0.1013}{6.86}\right)^{\frac{1.22-1}{1.22}}\right]}$$

$$= 2648.5 \text{ m/s}$$

出口面積 A_2 は,

$$A_2 = \frac{\dot{m}}{v_2 \rho_2} = \frac{300.0}{2648.5 \times 0.1823} = 0.6213 \text{ m}^2$$

マッハ数 M_2 は，式 (4.30) より
$$M_2 = \frac{v_2}{\sqrt{kRT_2}} = \frac{2648.5}{\sqrt{1.22 \times 396.0 \times 1402.6}} = 3.21$$
推力 F は，
$$F = \dot{m}v_2 = 300 \times 2648.5 = 794550.0 \text{ N}$$
比推力 I_{sp} は，
$$I_{sp} = \frac{F}{\dot{m}g} = \frac{794550.0}{300 \times 9.80} = 270.2 \text{ s}$$

本例題において，圧力比約 70 で膨張したときの，ノズル出口速度の大きさ，温度降下の大きさが実感できたと思う．この温度降下（エンタルピー・ドロップ）がノズル速度を生み出している訳である．大きな温度降下が生じても，ノズル出口温度はまだ十分高いものであり，結局排ガスのエネルギーのすべてが運動エネルギーに変換できる訳ではないことが理解できると思う．

例題 4.3　高度 25 km において，燃焼圧 $p_0 = 3.43$ MPa，燃焼温度 $T_0 = 2800$ K，推力 117600 N で作動する理想ロケットノズルの流出速度，流量，スロート面積，出口面積を求めよ．ただし，$k = 1.21$，$R = 692.9$ J/kgK，高度 25 km における大気圧 $p_3 = 0.00254$ MPa とする．

解　ノズル出口速度 v_2 は，理想ノズルの仮定より式 (4.44) から，
$$v_2 = \sqrt{\frac{2k}{k-1}RT_0 \left[1 - \left(\frac{p_2}{p_0}\right)^{\frac{k-1}{k}}\right]}$$
$$= \sqrt{\frac{2 \times 1.21}{1.21 - 1} \times 692.9 \times 2800 \times \left[1 - \left(\frac{0.00254}{3.43}\right)^{\frac{1.21-1}{1.21}}\right]}$$
$$= 3994.8 \text{ m/s}$$

質量流量 $\dot{m}$ は，推力の式より，
$$\dot{m} = \frac{F}{v_2} = \frac{117600}{3994.8} = 29.43 \text{ kg/s}$$

このノズルは，燃焼圧と出口圧の比から明らかにチョークしている．したがってスロートでの圧力比 $\frac{p_t}{p_0}$ は，式 (4.41) から，
$$\frac{p_t}{p_0} = \left(\frac{2}{k+1}\right)^{\frac{k}{k-1}} = \left(\frac{2}{1.21+1}\right)^{\frac{1.21}{1.21-1}} = 0.5625$$

スロートにおける温度 T_t は，式 (4.32) から
$$T_t = T_0 \left(\frac{p_t}{p_0}\right)^{\frac{k-1}{k}} = 2800 \times (0.5625)^{\frac{0.21}{1.21}} = 2533.9 \text{ K}$$

スロートにおける速度 v_t は，式 (4.30) において $M=1$ とおいて，
$$v_t = M_t\sqrt{kRT_t} = \sqrt{1.21 \times 692.9 \times 2533.9} = 1457.0 \text{ m/s}$$
スロートおよびノズル出口における密度を求めるため，まず燃焼室におけるガスの密度 ρ_0 を状態方程式から求める．
$$\rho_0 = \frac{p_0}{RT_0} = \frac{3.43 \times 10^6}{692.9 \times 2800} = 1.767 \text{ kg/m}^3$$
これより，式 (4.33) からスロート p_t およびノズル出口 p_2 での密度 ρ_t, ρ_2 を求める．
$$\rho_t = \rho_0\left(\frac{p_t}{p_0}\right)^{\frac{1}{k}} = 1.767 \times (0.5625)^{\frac{1}{1.21}} = 1.098 \text{ kg/m}^3$$
$$\rho_2 = \rho_0\left(\frac{p_2}{p_0}\right)^{\frac{1}{k}} = 1.767 \times \left(\frac{0.00254}{3.43}\right)^{\frac{1}{1.21}}$$
$$= 0.00457 \text{ kg/m}^3$$
以上より，スロート A_t および出口面積 A_t, A_2 は，
$$A_t = \frac{\dot{m}}{\rho_t v_t} = \frac{29.43}{1.098 \times 1457.0} = 0.0183 \text{ m}^2$$
$$A_2 = \frac{\dot{m}}{\rho_2 v_2} = \frac{29.43}{0.00457 \times 3994.8} = 1.612 \text{ m}^2$$
念のため，ノズル面積比 ε を求めると，
$$\varepsilon = A_2/A_t = 1.612/0.0183 = 88.0$$
となる．

例題 4.4 燃焼圧 3.43 MPa，$k=1.218$，ノズル面積比 140 の液体酸素/液体水素エンジンの真空中 C_F を求めよ．

解 ノズル出口圧力と燃焼圧の比 p_2/p_0 とノズル面積比 A_2/A_t の関係はまだ求めていない．式 (4.42) と式 (4.34) からマッハ数を消去し，直接ノズル面積比 A_2/A_t と圧力比 p_2/p_0 の関係を求めると，次式のようになる．
$$\frac{A_2}{A_t} = \frac{\left(\frac{2}{k+1}\right)^{\frac{1}{k-1}}\left(\frac{p_0}{p_2}\right)^{\frac{1}{k}}}{\sqrt{\frac{k+1}{k-1}\left[1-\left(\frac{p_2}{p_0}\right)^{\frac{k-1}{k}}\right]}}$$
この式に $k=1.218$ と $A_2/A_t = 140$ を代入し，逐次近似法で p_2 を求めると $p_2 = 0.00138$ MPa となる．この値を式 (4.51) に代入し C_F のを求める．
$$C_F = \sqrt{\frac{2k^2}{k-1}\left(\frac{2}{k+1}\right)^{\frac{k+1}{k-1}}\left[1-\left(\frac{p_2}{p_0}\right)^{\frac{k-1}{k}}\right]} + \frac{p_2-p_3}{p_0}\frac{A_2}{A_t}$$

$$= \sqrt{\frac{2 \times 1.218^2}{0.218} \left(\frac{2}{2.218}\right)^{\frac{2.218}{0.218}} \left[1 - \left(\frac{0.00138}{3.43}\right)^{\frac{0.218}{1.218}}\right]}$$
$$+ \frac{0.00138}{3.43} \times 140$$
$$= 1.947$$

ただし，$p_3 = 0$ としている．

例題 4.5 燃焼圧 2.026 MPa，$k = 1.3$，ノズル面積比 6 のロケットエンジンの海面上と高度 25 km での推力係数 C_F を比較せよ．ただし高度 25 km での気圧は 0.00254 MPa である．

解 式 (4.42) において，$A_1 = A_t$，$M_1 = 1.0$ として，まずノズル出口でのマッハ数の式を求める．

$$\frac{A_2}{A_t} = \frac{1}{M_2} \sqrt{\left(\frac{1 + \frac{k-1}{2}M_2^2}{1 + \frac{k-1}{2}}\right)^{\frac{k+1}{k-1}}}$$

この式より逐次近似法により M_2 を求めると，$M_2 = 3.135$ となる．このマッハ数を式 (4.34) に代入し p_2/p_0 を求めると，

$$\frac{p_2}{p_0} = \left(1 + \frac{k-1}{2}M_2^2\right)^{\frac{-k}{k-1}} = 0.01972$$

となる．これらの数値を式 (4.51) に代入し，C_F を求める．海面上の C_F は，

$$C_F = \sqrt{\frac{2k^2}{k-1}\left(\frac{2}{k+1}\right)^{\frac{k+1}{k-1}}\left[1 - \left(\frac{p_2}{p_0}\right)^{\frac{k-1}{k}}\right]} + \frac{p_2 - p_3}{p_0}\frac{A_2}{A_t}$$
$$= \sqrt{\frac{2 \times 1.30^2}{0.30}\left(\frac{2}{2.30}\right)^{\frac{2.30}{0.30}}\left[1 - (0.01972)^{\frac{0.30}{1.30}}\right]}$$
$$+ \left[0.01972 - \left(\frac{0.1013}{2.026}\right)\right] \times 6 = 1.334$$

高度 25 km の C_F は，

$$C_F = \sqrt{\frac{2 \times 1.30^2}{0.30}\left(\frac{2}{2.30}\right)^{\frac{2.30}{0.30}}\left[1 - (0.01972)^{\frac{0.30}{1.30}}\right]}$$
$$+ \left[0.01972 - \left(\frac{0.00254}{2.026}\right)\right] \times 6 = 1.627$$

したがって，高度 25 km では推力係数が 22 % も改善されることがわかる．

5 液体ロケット推進薬

本章では，液体推進薬の特性と，ロケットに使われた場合の性能について述べる．

5.1 液体推進薬の特性

ロケットの推進薬として考慮しなければならない特性として，経済性，性能，爆発・自然発火等の物理的性質，比重などがある．

（1）経　済　性

ロケット推進薬の経済性は，重要なファクターである．大量に使用する第1段エンジンにケロシン系の燃料が使われるのは，主としてこの経済性によるものである．いまでは少なくなったが，液体軍用ミサイルには，経済性はとくに重要で，ローコストでなくては大量に輸送・貯蔵し，いざというときにふんだんに使うことができない．

（2）性　　　能

液体推進薬は，燃料と酸化剤の組合せで使用するわけであるが，性能は推進薬の組合せと，その混合比により変化するが，詳細は項を改めて述べる．

（3）腐　食　性

液体推進薬のなかには，硝酸や過酸化水素のように高い腐食性を示すものがある．このような推進薬の容器，配管に使用する材質は，推進薬と反応しないものか，耐食性の表面処理を施したものでなければならない．

（4）爆　　　発

過酸化水素は，単独で爆発性を示す．触媒金属，温度，ショックなどの原因で爆発するので，取り扱いは慎重に行うべきである．酸化剤と燃料が混合した

液体または気体は，着火源があれば容易に爆発するので，注意が必要である．

(5) 自然発火

ヒドラジンおよびヒドラジン類似の燃料は，夏，高温の空気にさらされると容易に自然発火する．容器は完全に密封し，冷所に保存する必要がある．

(6) 比　　重

比重の高い推進薬を用いると，それをいれるタンクは小さくすみ，したがって，ロケット全体の重量を減らすことができる．液体水素–液体酸素の組合せは大きな比推力が得られるが，液体水素の比重が極端に小さいため，ロケット全体が大きくなる．全段設計では注意が必要である．酸化剤の比重を δ_0，燃料の比重を δ_f，酸化剤–燃料の混合比を r とすると推進薬の平均比重 δ_{AV} は，

$$\delta_{AV} = \frac{\delta_0 \delta_f (1+r)}{r\delta_f + \delta_0} \tag{5.1}$$

と与えられる．この平均比重と比推力 I_{sp} を掛けた比重比推力，

$$I_d = \delta_{AV} I_{sp} \tag{5.2}$$

を全段設計のパラメータとして考慮する必要がある (必ずしも，I_d が最大の組合せが採用されるわけではない)．

(7) 蒸　気　圧

蒸気圧の低い液体推進薬は，取り扱いが容易である．蒸気圧の高い液体推進薬は，配管やポンプにおける気化について十分な注意が必要である．とくに液体酸素，液体水素は上記のほかに低温を保持するため，タンクや配管の断熱が必要となる．蒸気圧が後述するポンプの吸込み性能に影響する極低温液体の水素，酸素およびメタンの蒸気圧を図 5.1 に示す．

表 5.1 に各液体推進薬の物理的性質を示す．

表 5.1 液体推進薬の物理的性質

推進薬	ヒドラジン N_2H_4	モノメチルヒドラジン CH_3NHNH_2	非対称ジメチルヒドラジン $(CH_3)_2NNH_2$	RP-1 $CH_{1.97}$	液体水素 H_2	メタン CH_4	硝酸99% HNO_3	四酸化窒素 N_2O_4	液体酸素 O_2	水 H_2O
分子量	32.05	46.07	60.10	175	2.02	16.03	63.01	92.01	32.00	18.02
融点 (K)	274.6	220.7	216	225	14.0	90.5	231.6	261.9	54.4	273.1
沸点 (K)	386.6	360.6	336.5	460 ~540	20.4	111.6	355.7	294.3	90.0	373.1
気化熱 (kJ/kg)	1256[b]	709[b]	584 (298K)	246[b]	446[b]	510[b]	480 (298K)	413[b]	213[b]	2253[b]
比熱 (kJ/kgK)	3.080 (293K) 3.172 (338K) 3.034 (393K)	2.879 (293K)	2.716 (293K)	1.963 (293K)	7.363[b] (20.4K)	3.474[b] (111.6K)	1.770 (311K) 1.799 (373K)	1.540 (293K)	1.699[b] (90.0K)	4.186 (273.2K)
密度 (10^3 kg/m^3)	1.023 (293K) 0.951 (350K)	0.8788 (293K) 0.8627 (311K)	0.611 (228K) 0.850 (244K)	0.58 (422K) 0.807 (289K)	0.071 (20.4K) 0.076 (14K)	0.445 (93.1K)	1.549 (273K) 1.476 (313K)	1.447 (293K) 1.37 (322K)	1.14 (90.4K) 1.23 (77.6K)	1.00 (373.2K) 1.00 (293.4K)
粘性 (10^{-3} Pas)	0.97 (293K) 0.58 (330K)	0.855 (293K) 0.40 (344K)	0.550 (293K) 0.49 (300K)	1.826 (280K) 0.620 (360K)	0.024 (14.3K) 0.013 (20.4K)	0.144 (100K) 0.106 (110K)	0.946 (293K)	0.423 (293K) 0.32 (315K)	0.264 (80.0K) 0.19 (90.4K)	0.284 (373K) 1.000 (277K)
蒸気圧 (MPa)					0.090 (20K) 0.804 (30K)	0.088 (110K) 0.368 (130K)			0.099 (90K) 0.543 (110K)	

b: 沸点における値

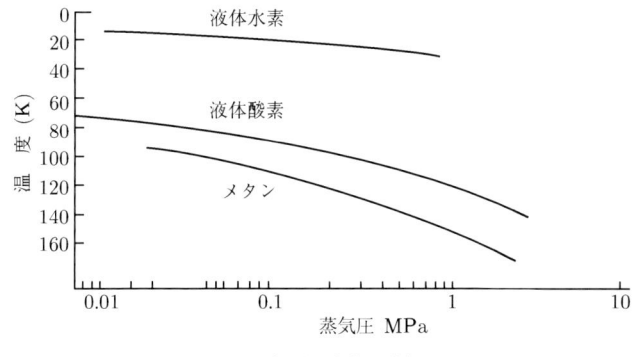

図 5.1 極低温液体の蒸気圧

5.2 液体推進薬各論

以下に代表的液体推進薬について，酸化剤，燃料の順に述べる．

（1） 液体酸素 (O_2)

液体酸素は，大気圧下では，90 K で沸騰する．この状態での気化熱は 213 kJ/kg，比重は 1.14 である．MIL (MIL-P-25508) に規定される高純度の液体酸素は，明るいブルーの透明な液体で，臭気はない．液体酸素はロケット用酸化剤として広く用いられている．炭化水素系燃料（ケロシン，ジェット A1，RP-1 など）との燃焼ガスは，輝くようなオレンジ色となる．文字どおり酸化力が強いので，取り扱いには十分注意する必要がある．液体酸素中または酸素ガス中で発火した場合は，ほとんどすべてのものを焼き尽くす．酸素ガスを大量に浴びた作業服は，火が着いたら瞬時に燃え上がる．作業後に喫煙する際には，くれぐれも注意すること．

また液体酸素は，常温では容易に蒸発してしまうので，タンク，配管の断熱が必要である．ロケット本体は断熱の重量がとれない場合が多いので，通常，打上げ直前に充てんし，蒸発分を補てんしつつ，打上げを待つという方法をとる．

（2） 過酸化水素 (H_2O_2)

ロケットに使用される過酸化水素は，通常 70〜99％ の水溶液として用いられる．市販されている過酸化水素は 30％ 前後であり，この点で異なっている．過酸化水素は，V2 ロケットのガス発生器や，米国の試験機 X–1 や X–15 のエ

ンジンに使われたが，現在ではその不安定性のため，ほとんど用いられることはない．著者自身も過酸化水素の爆発事故に遭遇した経験をもっている．

過酸化水素は，触媒に接触すると激しく分解し，高温の水蒸気と酸素を発生する．

$$H_2O_2 \rightarrow H_2O + \frac{1}{2}O_2 \tag{5.3}$$

触媒は，二酸化マンガン，プラチナ，酸化鉄などであるが，たいていの不純物が触媒として作用するため，取り扱いが難しい．一液の推進薬として，たとえば 90% の過酸化水素をロケットに用いた場合の比推力は，約 150 秒である．かつて，衛星やロケット上段の姿勢制御用小型スラスタの燃料として，広範に用いられた時代もあったが，現在は上記の不安定性もあり，ほとんど用いられていない．

（3） **硝酸** (HNO$_3$)

最大 2% の水分を含む純粋の硝酸は，無色，吸湿性の液体で，湿った空気中で白煙を生ずるため，白煙硝酸 (WFNA：white fuming nitric acid) という．1965 年ごろまで使用されていたが，現在はほとんど使われていない．濃硝酸に 5～20% の二酸化窒素 (NO$_2$) を溶解した硝酸は，赤色の煙を発生するため，赤煙硝酸 (RFNA：Red fuming nitric acid) とよび，こちらのほうが高エネルギーをもち，安定でもあるため，現在はほとんどこの RFNA がロケット用酸化剤として使われている．硝酸は酸化力が強く，強い腐食性があり，蒸気は刺激性が強く有毒である．腐食性が強く，タンク，配管，バルブなどにはステンレススチールが用いられる．著者は，ステンレススチールのタンクの溶接部が侵されて，硝酸の漏れを生じた苦い経験をもっている．硝酸用タンクは素材のみでなく，溶接に使用する溶接棒の材質にも細心の注意が必要である．RFNA に 1% 以下のフッ化水素 (HF) を混合したものは，材料の表面に金属フッ化物の層をつくるためよく用いられる．この不活性化剤を添加した RFNA は，IRFNA (Inhibited RFNA) とよばれる．

（4） 四酸化窒素 (N_2O_4)

　四酸化窒素は，高比重の赤褐色の液体である (比重 1.44)．今日，広く用いられている貯蔵性酸化剤で，液体のレンジが狭く，21.1°Cで気化し，−11.2°Cで無色の固体となる．燃焼熱が高く，ヒドラジン系の燃料と接触すると自己発火するため，タイミング要求の厳しい宇宙用酸化剤として重用されている．

（5） 液体水素

　液体水素は酸素と組み合わせた際に，高い性能を発揮する．また，冷却液としても有用である．液体燃料のなかで最も冷たく，最も軽い．沸騰点は 20 Kであり，比重は 0.07 である．比重が小さいため，これをいれるタンク容積が大きくなり，したがって，ロケットも大型となってしまう．また，極低温液体であるため，使用材料は低温脆性の少ないものを選択する必要がある．極低温の液体の取り扱いにも注意が必要である．タンクや配管は断熱が必要であり，タンク，ライン内に空気が混入しないよう考慮しなければならない．混入した空気が氷結し，フィルターやバルブに引っかかり，トラブルの原因となるためである．

　水素ガスが空気と混合した場合，広い混合範囲で発火・燃焼する．このため設備のタンクや配管のベントポートには，常時トーチイグナイタを点火しておき，漏れた水素をただちに燃やしてしまうことが多い．

（6） 炭化水素

　石油よりつくられるガソリン，ケロシン，ジェット燃料，RP-1 などは，いずれもロケット燃料として広く使用されている．燃焼炎は輝くようなオレンジ色で，性能も悪くない．なによりも，ほかの用途にも広範に用いられているため，入手が容易であり，コストも安い．MIL-F-25576 で規定される RP-1 は，ロケット用に特別に精製されており，硫黄含有量が少なく，密度のばらつきも低く抑えられている．初期のロケットは，ほとんどこの石油系の燃料と液体酸素の組合せであった．

（7） ヒドラジン (N_2H_4)

　ヒドラジンおよびその誘導体であるモノメチルヒドラジン (MMH) あるいは非対称ジメチルヒドラジン (UDMH) は，いずれも似たような物理的，熱化学

的性質をもつ，有毒で無色の液体である．これらはすべて強い還元剤で，吸湿性がある．ヒドラジンの凝固点は 1.1°C と高いため，宇宙空間ではタンクを保温するためのヒータが必要である．ヒドラジンは，硝酸や四酸化窒素と自発火性があり，空気中に漏れると自然発火することがある．ヒドラジンは室温でイリジューム，450 K 以上の高温では鉄，ニッケル，コバルトなどの触媒により分解する．ヒドラジンはタンクや配管の不純物により容易に分解するため，1 液式のスラスタ以外のメイン推進系に用いられることは少なかったが，最近はその高性能ゆえに，メイン推進系にも用いられている．メイン推進系にはより安定性のある UDMH や MMH が用いられることが多いが，とくに UDMH とヒドラジンを 50–50% 混合した A–50 は，タイタンやデルタロケットの上段に使われている．

次に，1 液式のスラスタに使用する場合について述べる．ヒドラジンが触媒に接触すると，まず気体アンモニアと窒素に分解する．これは激しい発熱反応である．次に，このアンモニアがさらに窒素と水素に分解する．しかし，こちらは吸熱反応である．この反応を示すと，

$$3N_2H_4 \rightarrow 4(1-x)NH_3 + (1+2x)N_2 + 6xH_2 \tag{5.4}$$

となる．ここで，x はアンモニアの解離度で，触媒の種類，大きさ，形状，燃焼圧および触媒層に滞留する時間の関数となる．この 1 液式のスラスタの最高性能は $x=0$ のときに得られるが，このときのガス温度も高温となるため，結局，性能とガス温度をにらんで x を決めることになる．この種の 1 液式スラスタでは，比推力は 220〜260 秒となる．

5.3　推進薬性能

燃料，酸化剤を組み合わせて燃焼させた場合，化学反応により各種の燃焼生成物が形成される．燃焼生成物は，たとえ当量比であっても，化学式どおりのものが形成されるわけではなく，二価の酸化物ができるべきところに，ほかの一価の酸化物があったり，未反応の元素が残ったりと非常に複雑である．

これらの燃焼生成物の予測は，平衡定数を用いて繰り返し計算により行う．すなわち，はじめに化学反応による反応熱 (燃焼熱) を求めておき，次に燃焼温

度 T_b を仮定し，この T_b の関数である平衡定数 (equilibrium constant) を用いて平衡ガスの組成を求め，この平衡ガスを未燃温度から T_b まで上昇させる熱量を求め，先ほどの燃焼熱と一致するまで T_b の変化を繰り返す．平衡定数は，JANAF Thermochemical Table に与えられており，計算はコンピュータにより行われる．

図5.2に酸素とRP-1の計算例を示す．この場合の化学量論的当量比は，3以上であるが，図に明らかなようにさまざまな生成物が存在している．

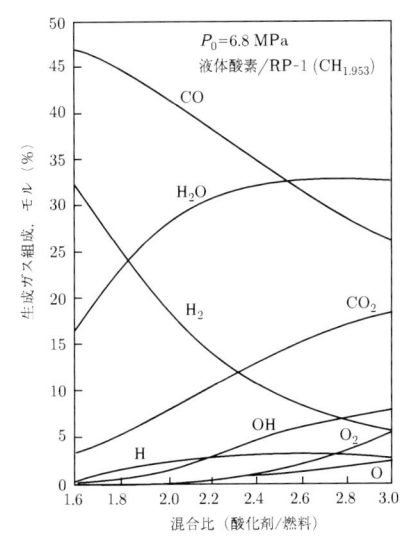

図 5.2 液体酸素とケロシンの燃焼生成物 (燃焼室内)[1]

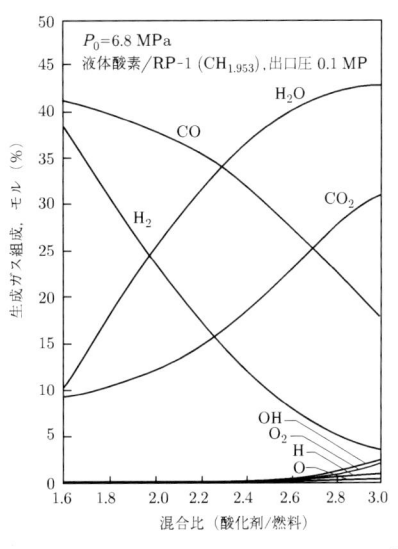

図 5.3 平衡流として計算したガス組成 (ノズル出口)[1]

生成物が推力室の下流方向に移動するにつれて，生成物の解離，再結合が起こり，生成物の存在比率が変わる．これらを考慮に入れて計算する状態を平衡流 (shifting) と称する．これに対して，燃焼生成物の組成が流れ方向に変わらないとする方法を，凍結流 (frozen) という．図5.3に平衡流により計算した，酸素/RP-1の燃焼生成物のノズル出口での組成を示すが，先に示した組成と大きく異なっていることがわかる．

平衡流の計算は，非常に複雑で，予測困難なうえ，結果はしばしば凍結流で得られた結果より正確というわけでもない．ロケットの性能を表す I_{sp} は，平

衡流のほうが図 5.4 に示すように凍結流より数% 高目にでる．

実験結果は，平衡流と凍結流の間に存在しているので，われわれは理論値として使う場合には，凍結流を基準とすることとする．実際，ノズルのように流れの速度が大きい場所では，反応が文字どおり「凍結」してしまうと考えられるので，凍結流を設計基準として用いることは，現実に近いと思われる．図 5.5，図 5.6，図 5.7 に，酸素–RP-1，酸素–水素，N_2O_4–N_2H_4 の推進薬の「凍結流」による計算結果を示すので，設計の際の参考にしていただきたい．

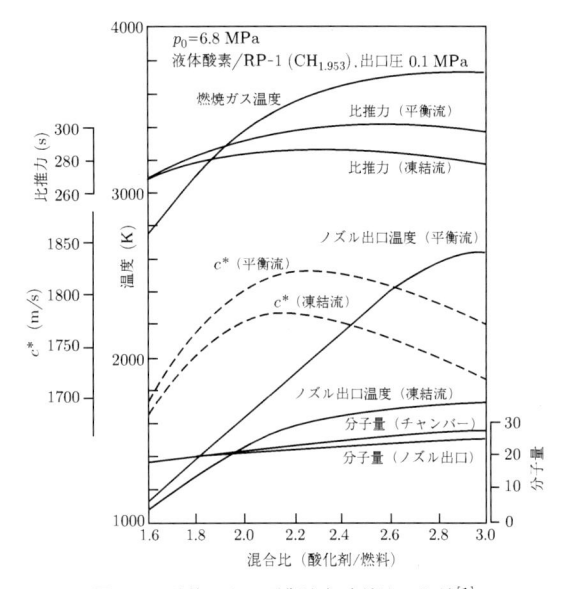

図 5.4 計算による平衡流と凍結流の比較[1]

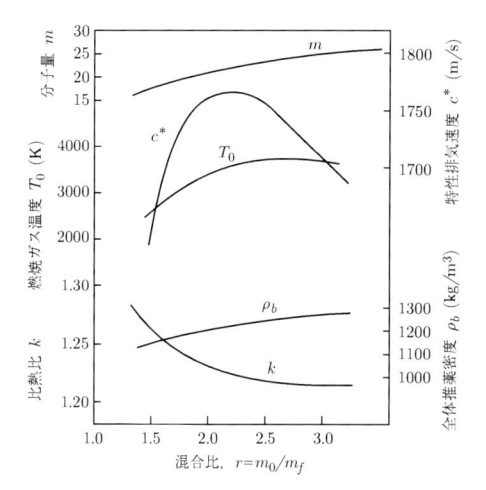

図 5.5 O_2/PR-1 の燃焼データ (凍結流) $p_0 = 6.8$ MPa[2]

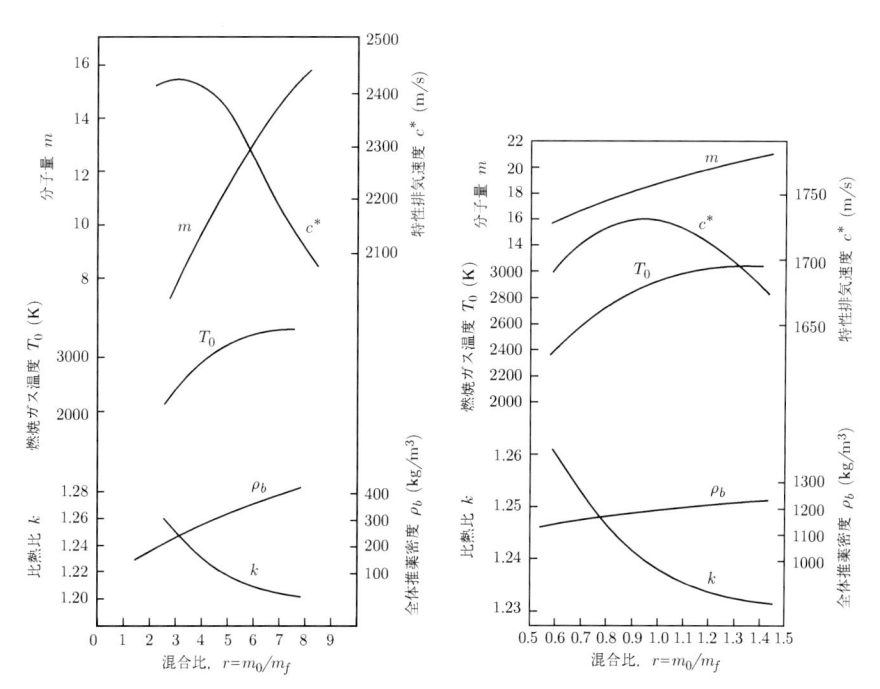

図 5.6 O_2/H_2 の燃焼データ (凍結流) $p_0 = 5.5$ MPa[2]

図 5.7 N_2O_4/N_2H_4 の燃焼データ (凍結流) $P_0 = 0.68$ MPa[2]

参考文献

[1] G.P.Sutton: Rocket Propulsion Elements, Sixth Ed., p187-189, Fig6-1, Fig6-2, Fig6-3, John Wiley & Sons, Inc. 1992
[2] D.K.Huzel & D.H.Huang: Design of Liquid Propellant Rocket Engines, Second Ed., p84-85, Fig4-3, Fig4-4, Fig4-6, NASA SP-125, 1971

6

液体ロケットシステム

　液体ロケットエンジンは，液状の酸化剤および燃料を，ガスまたはポンプにより燃焼室に圧送し，そこで得られた高温のガスを噴射することにより，推力を発生する熱機関である．酸化剤，燃料の比は最適な範囲があり，その混合比 r は以下で定義される．

$$r = \frac{\dot{m}_0}{\dot{m}_f} \tag{6.1}$$

ここで，$\dot{m}_0$ は酸化剤質量流量，$\dot{m}_f$ は燃料質量流量である．推進薬のトータル流量を $\dot{m}$ とすると第 3 章の式 (3.8) より，

$$\dot{m} = \frac{F}{I_{sp}g_0} \tag{6.2}$$

$$\dot{m} = \dot{m}_0 + \dot{m}_f \tag{6.3}$$

$$\dot{m}_0 = \frac{r\dot{m}}{r+1} \tag{6.4}$$

$$\dot{m}_f = \frac{\dot{m}}{r+1} \tag{6.5}$$

となる．これらの推薬をどのように流すかにより，液体ロケットエンジンにはさまざまなサイクルが存在する．

6.1 ガス加圧供給サイクル

　推進薬を高圧のガスで加圧供給するサイクルは，図 6.1 のように，高圧の気蓄器からのガスを，レギュレータで減圧しながら推進薬タンクを加圧する気蓄器方式と，図 6.2 のように，推進薬タンクにあらかじめ高圧のガスを封入しておき，推進薬が流出するとともに推進薬タンクの圧力も下がっていく，ブローダウン方式の 2 種類がある．

　気蓄器方式では，レギュレータのほかに，ガスの逆流を防ぐ逆止弁 (チェッ

図 6.1　気蓄器方式

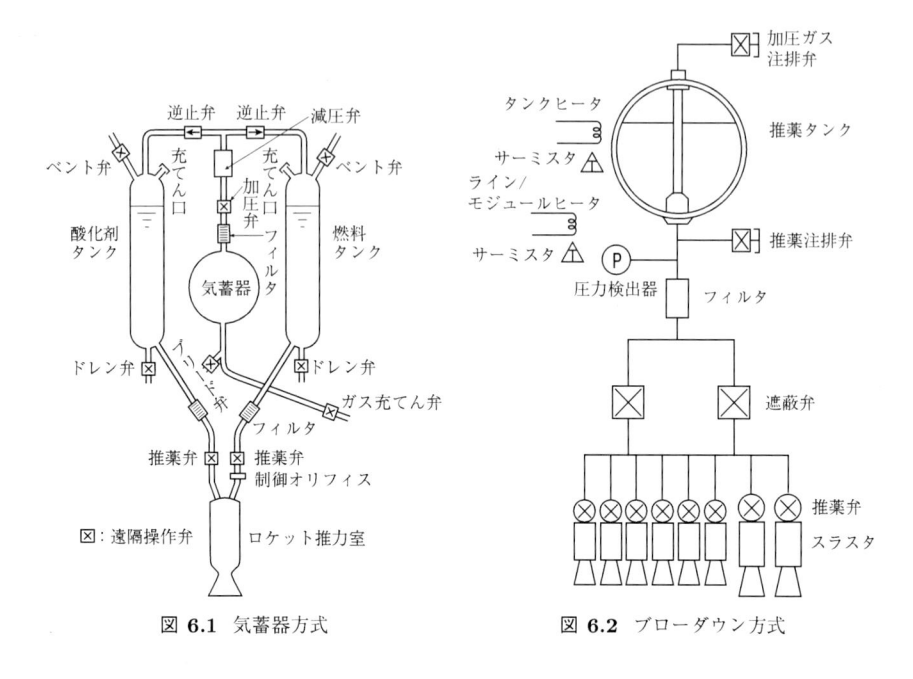

図 6.2　ブローダウン方式

クバルブ) や推薬弁 (プロペラントバルブ) が主要コンポーネントとなる．酸化剤，燃料の混合比のコントロールは，プロペラントバルブ下流のオリフィスにより行われる．燃焼圧力は，気蓄器圧力が供給限度に下がるまでは一定である．

これに対し，ブローダウン方式では，推進薬の流出とともに推薬タンク圧力が減少するため，燃焼圧も時間とともに下がっていく．したがって，燃焼圧が低くなったときの燃焼不安定には，とくに注意が必要であり，一般には燃焼不安定領域に入るまえにカットオフする．このような作動上の制限があるブローダウン方式であるが，レギュレータなどの部品がいらなく，構造が簡単であるため，上段エンジンや人工衛星の軌道修正用エンジンにはよく使われている．

6.2　ターボポンプ供給サイクル

ターボポンプ供給サイクルとは，推進薬をポンプにより加圧供給するシステムで，そのポンプはタービンにより駆動される．タービンを駆動する高温・高圧のガスを得る方法により，ターボポンプ供給方式には種々のサイクルが考え

られる．ターボポンプ供給サイクルは，まず大きく二つのクラスに分けられる．すなわち，オープンサイクルとクローズサイクルである．タービンを駆動したガスをそのまま外気に捨てるか，ノズルのスロート下流に捨てるサイクルを，オープンサイクルといい，ガスをノズルのスロート上流に (たいてい噴射器を通して) 導入するサイクルをクローズサイクルという．クローズサイクルは，タービン駆動ガスも推力室での燃焼に寄与するため，サイクル全体の性能 (I_{sp}) がオープンサイクルに比べて高い．

話が前後してしまったが，ポンプとそれを駆動するタービンが一緒になった機構部品を，ターボポンプという．ターボポンプはジェットエンジンの燃料ポンプに相当するようにみえるが，似て非なるものである．ジェットエンジンの燃料ポンプは，普通，機械駆動であり，燃料流量はジェットエンジン全体の空気流量の 1% 以下であり，ジェットエンジンでも補器として扱われるものである．これに対して，ロケットエンジンのターボポンプは，推力を生む全推進薬の圧力を上げるもので，ジェットエンジンの圧縮機およびタービンに匹敵するほどのエンジン主要機器である．したがって，このターボポンプの駆動をどのようにするかは，エンジンのサイクルを左右する重要なコンセプトとなる．図 6.3 に，ターボポンプ供給サイクルの代表的なサイクルを示す．

(1) ガス発生器サイクル (Gas Generator Cycle)

ガス発生器サイクルは，液体ロケットエンジンにとって，最も基本的なサイクルである．ガス発生器への推進薬は，ポンプ出口から一部ブリードされて供給される．混合比は，無冷却のタービンを保護するため，通常の燃焼器より低めまたは高めにとられ，燃焼ガスの温度が高くならないように考えられている．燃焼ガス温度は，800 K から 1100 K の範囲にとられることが多い．タービンを駆動したガスは，ノズル下流のタービン排気ガスと同程度の圧力部に導入される．ガス発生器の流量は，全体の 1〜5% 程度であるが，この分が推進に寄与しないため，ほかのサイクルに比べて性能が低い．

ガス発生器サイクルは，タービン排ガスが燃焼器と独立しているため，ターボポンプと燃焼器を別々に開発できる利点があり，複数の企業が開発を担当するときには，開発期間を短縮できる．欧州やわが国でもこのような開発手法が

58　6. 液体ロケットシステム

(a) オープンサイクル
　ガス発生器サイクル　　タップオフ・サイクル　　クーラント・ブリード・サイクル

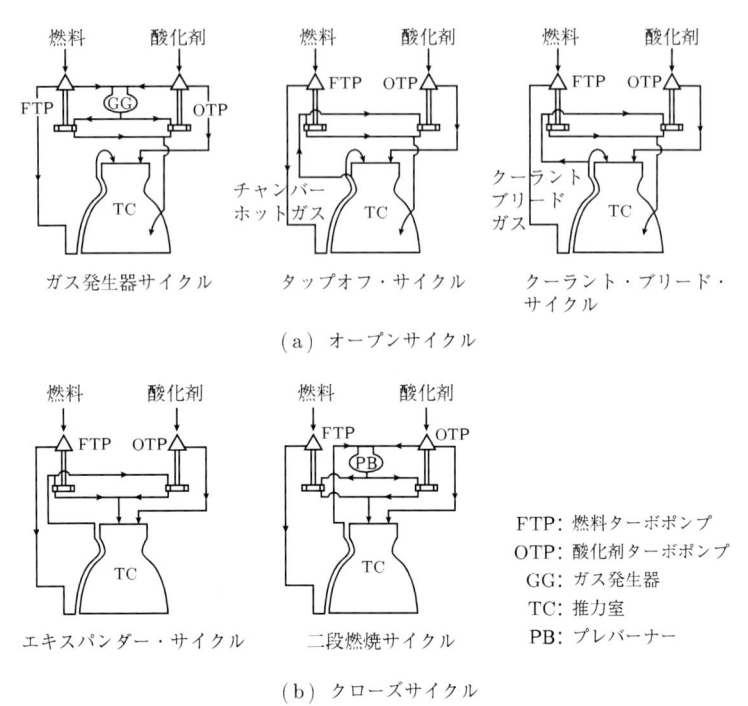

(b) クローズサイクル
　エキスパンダー・サイクル　　二段燃焼サイクル

FTP: 燃料ターボポンプ
OTP: 酸化剤ターボポンプ
GG: ガス発生器
TC: 推力室
PB: プレバーナー

図 **6.3**　ターボポンプ供給方式のエンジンサイクル

採用されている.

　ガス発生器サイクルは,上述のように液体ロケットエンジンの最も基本的なサイクルであるため,初期のエンジンのほとんどはこのサイクルである.代表的なエンジンをあげると,サターンVの初段エンジンF–1,2段エンジンJ–2,H-1ロケットの初段エンジンMB–3,2段エンジンLE–5,アリアンVの初段エンジンバルカン (Valcain) などである.

　(2)　**タップオフ・サイクル** (tap-off cycle)
　タップオフ・サイクルは,主燃焼器の中より燃焼ガスを取り出すもので,取り出す場所は,まだ燃焼が十分行われていない噴射器の近くである.こうすることにより,主燃焼ガスの半分以下の温度の燃焼ガスを利用でき,ガス発生器がいらないというメリットがある.サターンIおよびIBの初段に使われたH–1エンジンは,ガス発生器サイクルであったが,のちにこのエンジンのほとんど

の部品を用いて,タップオフ・サイクルのエンジンをつくったことがあった.

(3) クーラント・ブリード・サイクル (coolant bleed cycle)

燃焼器を冷却した燃料 (多くの場合, H_2 ガス) の一部を, 噴射器手前よりブリードし, タービン駆動ガスとするもので, タップオフ・サイクルと同様, ガス発生器がいらないメリットがある. しかし, 燃焼室冷却ガスの温度は低温であり, タービン駆動力に限界があり, 大型エンジンには適さない. わが国のLE–5 エンジンは当初ガス発生器サイクルであったが, のちにこのクーラント・ブリード・サイクルに変えた. 現在 H–IIA ロケットの 2 段に使われている LE–5B がそれである.

(4) エキスパンダ・サイクル (expander cycle)

燃焼器を冷却した燃料 (多くの場合 H_2 ガス) のすべてをタービン駆動に使い, そのタービン排ガスをすべて噴射器を通して燃焼器に導く. 燃料すべてを燃焼させるため, 上記のクーラント・ブリード・サイクルに比べ, 高性能である. 史上初めての液体水素–液体酸素エンジンである RL–10 エンジンが, このサイクルである. RL–10 エンジンはセントール用のエンジンとして, いまだに用いられており, 基本設計の優秀さがうかがわれる.

燃料をすべてタービン駆動に使うため, タービン駆動ガス流量は十分であるが, 燃焼器冷却後のガス温度に上限があるため, タービン発生動力に限界があり大型エンジンには適さず, 実用上推力 140〜150 kN 付近が最大である.

(5) 二段燃焼サイクル (staged combustion cycle)

燃焼器を冷却した燃料 (多くの場合 H_2 ガス) のすべてを, プレバーナー (前置燃焼器) で燃やしてタービン駆動ガスをつくり, タービン駆動後のガスは, すべて噴射器を通して燃焼器に導入する. プレバーナー用の酸化剤は, 酸化剤ポンプ出口より一部ブリードして用いる. プレバーナーでつくる燃焼ガスは, 高温にする必要がないため, 酸化剤は一部あればよいことになる. したがって, タービンを駆動した排ガス中には未燃の H_2 ガスが多量に残っている. この未燃ガスを主燃焼室で燃やして推力に変える. すべての推薬を主燃焼器で燃やすため高性能である.

タービン排ガスをすべて燃焼器に導くため，タービン排ガス圧力は主燃焼圧力より高い必要がある．したがって，タービン上流のプレバーナーの燃焼圧力は，さらに高圧である必要がある．まわりまわってポンプ出口圧力も高める必要があり，この二段燃焼サイクルは，システム全体の圧力が非常に高くなる．このため，開発の難度はきわめて高く，開発途中では多くのトラブルにみまわれている．プレバーナーでタービン駆動ガスに容易にエネルギーを与えることができるため，エキスパンダーサイクルに比べ，大型エンジンに適している．米国のスペースシャトル・メインエンジン (SSME)，およびわが国の H–II ロケット初段エンジン LE–7 がこのサイクルを採用している．

以下第 6 章，第 7 章の例題では，推力 100 kN 級のガス発生器サイクル・液体酸素–液体水素エンジンの設計例を示す．

例題 6.1 以下の推力 100 kN クラスの燃焼室のガスパラメータおよび推進薬流量を求めよ．

設定条件：推進薬　　　液体酸素–液体水素
　　　　　推力　　　　$F = 98000$ N
　　　　　混合比　　　$r = 5.5$
　　　　　ノズル面積比　140

解　(1) 燃焼室各パラメータは図 5.6 より次のように求められる．

$$\kappa = 1.218, \ T_c = 3450 \text{ K}, \ m = 12.8, \ c^* = 2300 \text{ m/s}$$

(2) 比推力 I_{sp} は，例題 4.4 の $C_F = 1.947$ に C_F 効率 0.985 をかけた 1.9177 を用いて

$$I_{sp} = \frac{c^* C_F}{g_0} = \frac{2300 \times 1.9177}{9.80} = 450.0 \text{ s}$$

これよりトータル質量流量は

$$\dot{m} = \frac{F}{I_{sp} g_0} = \frac{98000}{450.0 \times 9.80} = 22.22 \text{ kg/s}$$

(3) 混合比 $r = 5.5$ より

$$\dot{m}_o = \frac{r\dot{m}}{r+1} = \frac{5.5 \times 22.22}{5.5 + 1} = 18.8 \text{ kg/s}$$

$$\dot{m}_f = \frac{\dot{m}}{r+1} = \frac{22.22}{5.5 + 1} = 3.41 \text{ kg/s}$$

となる．

例題 6.2 上記のエンジン燃焼時間を 350 秒として，必要な推進薬容積を求めよ．

条件：液体酸素の密度 $\rho_0 = 1.14 \times 10^3$ kg/m^3
　　　液体水素の密度 $\rho_f = 0.07 \times 10^3$ kg/m^3

解

搭載推薬量を燃焼に必要な分の 102% とする．各推薬の必要重量は

液体酸素質量：$18.79 \times 350 \times 1.02 = 6708.0$ kg

液体水素質量：$3.41 \times 350 \times 1.02 = 1217.3$ kg

液体酸素容積：$6708.0/(1.14 \times 10^3) = 5.884$ m^3

液体水素容積：$1217.3/(0.07 \times 10^3) = 17.39$ m^3

この結果は液体水素を使うロケットの特徴をよく表している．液体水素の質量は，酸素の 5.5 分の 1 であるが，その容積は相当大きくなることに注意してほしい．

7 液体ロケットエンジン設計

　本章では，液体ロケットエンジンのシステムと，コンポーネントの設計の概要を述べる．液体ロケットエンジンは，原動機としては短時間に大出力を発生させる，かなり特殊な，ある意味で過酷な原動機であるが，その設計手法は，ここで述べるように一般の機械設計手法にそって行われるきわめて常識的なものである．燃焼振動やノズルスロートの熱設計に注意すれば，誰でも一応のエンジン設計が行えるようになるので，よく理解してほしい．なお，エンジンサイクルはガス発生器サイクルとする．

7.1 全体システム

（1） エンジン流量

　エンジンの要求推力および混合比より，エンジン流量を求める方法は前章で述べた．しかし，前章で求めた流量は，推力室を通りノズルより噴出する推力を生む流量であるから，ターボポンプを通る流量には，これにガス発生器(GG)を通る流量をプラスしなくてはならない．

$$\dot{m}_0 = (\dot{m}_0)_{gg} + (\dot{m}_0)_c \tag{7.1}$$

$$\dot{m}_f = (\dot{m}_f)_{gg} + (\dot{m}_f)_c \tag{7.2}$$

$$\dot{m}_c = (\dot{m}_0)_c + (\dot{m}_f)_c \tag{7.3}$$

$$\dot{m}_{gg} = (\dot{m}_0)_{gg} + (\dot{m}_f)_{gg} \tag{7.4}$$

ここで，添字 c は燃焼室を，添字 gg はガス発生器を表す．

（2） 圧力のバランス

　ターボポンプは，系が要求する圧力を発生する必要がある．燃焼圧を P_c，噴射器差圧を ΔP_{inj}，系の圧力損失を ΔP_{loss}，ポンプの獲得圧を ΔP_{pump}，ポン

プ入口圧 P_s とすると，ポンプ出口圧 P_d は，

$$P_d = P_s + \Delta P_{pump}$$
$$= \Delta P_{loss} + \Delta P_{inj} + P_c$$
$$= \Delta P_{ggloss} + \Delta P_{gginj} + P_{gg} \qquad (7.5)$$

となる．ここで，ΔP_{ggloss}, ΔP_{gginj}, P_{gg} はおのおのガス発生器系の圧力損失，噴射器差圧，燃焼圧である．

（3）動力のバランス

タービンで発生した動力 W_T は，ポンプの必要動力 W_0，W_f と軸受，シール，歯車，円盤摩擦損失など機械的損失 W_m の和に等しくなければならない．

$$W_T = W_0 + W_f + W_m \qquad (7.6)$$

酸化剤ターボポンプ，燃料ターボポンプが分かれている場合には，

$$W_{T0} = W_0 + W_{m0} \qquad (7.7)$$
$$W_{Tf} = W_f + W_{mf} \qquad (7.8)$$

となる．ここで，W_{T0} は酸化剤タービンの出力，W_{Tf} は燃料タービンの出力，W_{mo}, W_{mf} はそれぞれ酸化剤ポンプの機械損失，燃料ポンプの機械損失である．式 (7.7)，(7.8) の表現より，ターボポンプの機械損失を機械効率 η_m で表して，

$$W_0 = W_{T0} \times \eta_{m0} \qquad (7.9)$$
$$W_f = W_{Tf} \times \eta_{mf} \qquad (7.10)$$

と表現することのほうが多い．

7.2 推力室の設計

（1）燃焼室およびノズルの設計

ノズル膨張比 ε および推力係数 C_F を決めて，図 7.1 に示すような円筒型燃焼室およびベル型ノズルを設計する手法を以下に述べる．なお燃焼室，ノズルを含めたものを本章では推力室とよぶこととする．

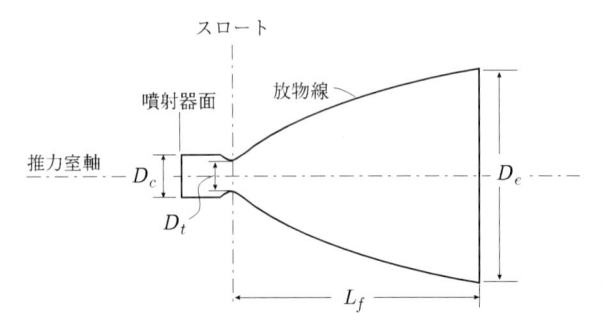

図 7.1 円筒形燃焼器およびベル型ノズルで構成される推力室

まず次式により燃焼室スロート面積を求める．

$$A_t = \frac{F}{C_F P_c} \tag{7.11}$$

スロート径：

$$D_t = \sqrt{\frac{4A_t}{\pi}} \tag{7.12}$$

ノズル出口径：

$$D_e = \sqrt{\frac{4\varepsilon A_t}{\pi}} \tag{7.13}$$

燃焼室容積は，不足すると燃焼が十分行われないうちにガスが排出されることになり，したがって，燃焼効率が悪い．逆に容積が大きすぎると燃焼室が重くなり，ロケット全体の性能に影響する．われわれは，過去のロケット設計で得られたデータを基に燃焼室容積を決めることとする．燃焼室容積をスロート面積で割った燃焼室特性長さ L^* (エルスターという) を次のように定義する．

$$L^* = \frac{V_c}{A_t} \tag{7.14}$$

ここで，V_c は燃焼室容積である．L^* は過去の設計例を参照して表 7.1 のように与えられている．

円筒部断面積とスロート断面積の比をコントラクション・レシオ (収縮比) ε_c というが，概略 1.6～4 の範囲にある．衛星の姿勢制御用の推力室では，燃焼室直径がスロート径に比べて大きくなるため，コントラクション・レシオも大きなエンジンが多い．ε_c より円筒部面積 A_c は，

$$A_c = A_t \varepsilon_c \tag{7.15}$$

表 7.1 燃焼室特性長さ L^*

推進薬の組合せ	燃焼室特性長さ L^* [m]
硝酸/ヒドラジン N_2H_4	0.7〜0.9
四酸化窒素 N_2O_4/N_2H_4	0.7〜0.9
液体酸素 LO_2/アンモニア NH_3	0.7〜1.0
LO_2/液体水素 LH_2 (噴射器ではガス)	0.5〜0.7
LO_2/LH_2 (噴射器では液体)	0.7〜1.0
LO_2/RP-1	1.0〜1.3

$$D_c = D_t \sqrt{\varepsilon_c} \tag{7.16}$$

初期のロケットエンジンでは，製作が容易であるうえに，高膨張，低膨張に容易に対応できるということで，図 7.2 に示すような，コニカルノズルが用いられていた．本図において，ノズル長さ L_f は次の式で求められる．

$$L_f = \frac{R_t(\sqrt{\varepsilon}-1) + R(\sec\alpha - 1)}{\tan\alpha} \tag{7.17}$$

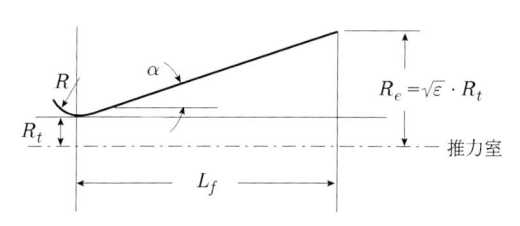

図 7.2 コニカルノズル

コニカルノズルの場合には，ノズル出口においてガスのすべての速度ベクトルが軸方向を向くわけではなく，推力を求める際には一次元の計算で求めた $\dot{m}u_2$ に，次式のような修正係数 λ を掛けて修正する必要がある．

$$\lambda = \frac{1}{2}(1 + \cos\alpha) \tag{7.18}$$

これに対し，ベル型ノズル出口では，流れは軸方向に出てくるため，図 7.3 に示すように，修正係数 λ はほぼ 1 に等しい．本図のコニカルノズルの 15°ポイントとは，ハーフアングル 15°の標準ノズルの意味である．ベルノズルのノズル長さは，この標準的なコニカルノズルの長さに比べて，図のように 80％ 前後の長さで十分な λ をもっている．コニカルノズルの数値は，横軸が短くなった分，ハーフアングルが増したとして式 (7.18) より求めている．以上の理由に

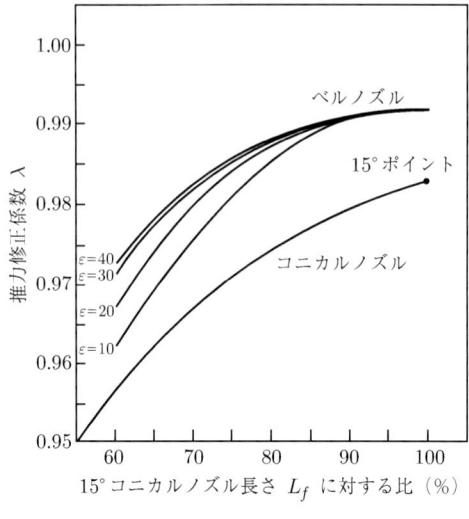

図 7.3 ベルノズルの推力修正係数

より,ベルノズルでは,ノズル全長を短縮するため,普通 80 % 程度のノズル長さとしている.

以下,ラオ (G.V.R.Rao) の方法によりベル型ノズルの形状を決めていく.

スロートからベルの形状につなげるために,図 7.4 に示すようにラオの方法では 1 個の円弧を用いる.スロート半径を R_t として,スロート上流側で $1.5R_t$,下流側で $0.382R_t$ の円弧を用い,下流側は下図の点 N で出口 E に向かう放物線につなげる.点 N での初期角 θ_n および出口 E での流出角 θ_e は,ノズル面積比 ε とノズル長さ L_f の関数として,ラオにより図 7.5 のように与えられている.すなわち,点 N における放物線の接線と θ_n は一致する (ただし,われわれの

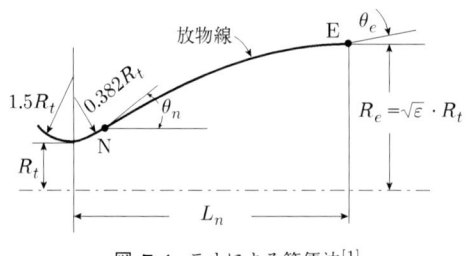

図 7.4 ラオによる簡便法[1]

経験では，θ_n のほうが多少大きい).

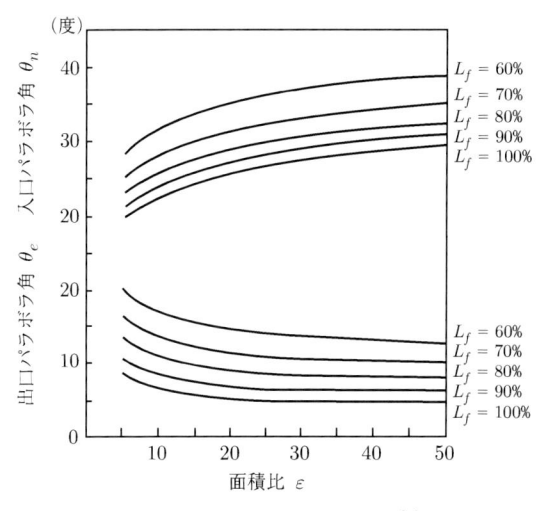

図 7.5 面積比と θ_n，θ_e の関係[1]

7.3 冷 却

燃焼室，ノズル設計で形状についで大切な要素は冷却であるが，伝熱工学の基礎から講義する余裕はないため，その内容については別途勉学してもらうこととして，ここでは，冷却方法の定性的説明のみ行うこととする．

（1） 再 生 冷 却

燃焼室を二重壁構造とし，その二重壁の間に推進薬 (通常燃料) を流して冷却する．このようにすることにより，燃焼室から失われる熱が冷却液に回収されるため，エンジン全体の熱損失を少なくできるメリットがあり，大型から中型の推力室に多く採用されている．熱流束も比較的高く，燃焼時間も長くとれる．

二重壁の構成は，文字どおり内筒と外筒を 1 枚の板でつくる方法もあるが，普通には，図 7.6 のようにチューブまたは溝構造とする．チューブ構造の場合には，一本一本のチューブはろう付けされる．このとき，チューブとチューブの間に図のように引っ込んだ部分が現れ，その分，燃焼ガスにさらされる面積が増える．最近の高圧の燃焼圧を採用する燃焼室では，この面積の増加による

過熱がチューブの破損につながるため，下の図のような一体の溝型構造を採用する例が増えている．

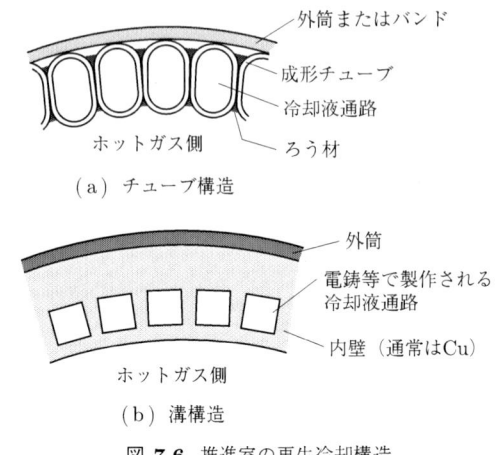

図 7.6 推進室の再生冷却構造

(a) チューブ構造
- 外筒またはバンド
- 成形チューブ
- 冷却液通路
- ホットガス側
- ろう材

(b) 溝構造
- 外筒
- 電鋳等で製作される冷却液通路
- 内壁（通常はCu）
- ホットガス側

（2）フィルム冷却

図 7.7 に示すように，燃焼室の壁際に液体推薬を流し，それが下流にいくに従ってガス化し，気体フィルムを形成することにより，壁を冷却する方式である．気体フィルムの断熱効果とともに，気化熱を燃焼ガスから奪うことで，伝熱量を減らすことができる．熱流束も高く，長時間の燃焼も可能であるが，燃焼に寄与しない推進薬を捨てることにより，上記の再生冷却方式より若干性能が劣る．

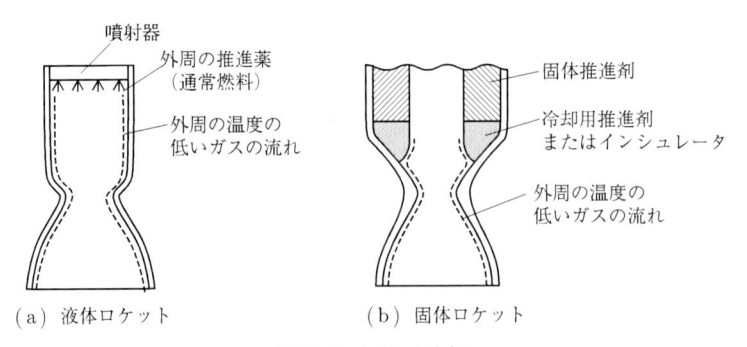

(a) 液体ロケット
- 噴射器
- 外周の推進薬（通常燃料）
- 外周の温度の低いガスの流れ

(b) 固体ロケット
- 固体推進剤
- 冷却用推進剤またはインシュレータ
- 外周の温度の低いガスの流れ

図 7.7 フィルム冷却

（3） アブレーション冷却

図 7.8 に示すように，燃焼室材料が燃焼の進むに従って溶け出し，融解熱，気化熱を燃焼ガスより奪うことにより，表面より下層の燃焼壁を防御する方法である．燃焼壁材料には，カーボンやガラス繊維でできている複合材が使われる．熱流束は，上の二つの方法に比べ，低く，燃焼時間にも限界がある．構造が簡単なため，ロケット上段の小型エンジンなどによく採用されている．

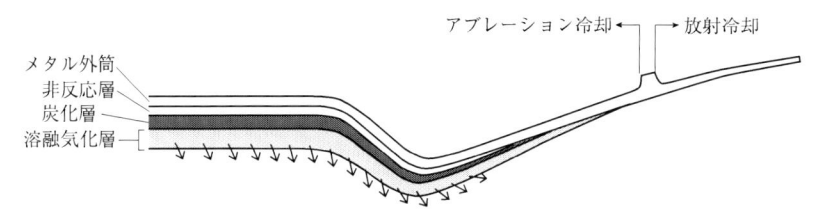

図 7.8 アブレーション冷却および放射冷却

（4） 放 射 冷 却

単に耐熱性の高い材料で燃焼室をつくり，燃焼室が赤熱するに従って周囲に(たいがい宇宙に) 熱を放射することにより冷却する方法である．熱流束も限られており，燃焼時間も当然短い．姿勢制御用のガスジェットのような，比較的ガス温度が低く，また燃焼もパルス的に行われる推力室の冷却に適している．また，図 7.8 のように，ガス温度が低くなるノズル下流では，この放射冷却が採用されることが多い．

7.4 噴射器の設計

噴射器 (Injector) は，ある意味では内燃機関のキャブレターに似ている．燃料と酸化剤を微粒化し，均一に混合させる役割をもっている．液体の微粒化の方法として，液体どうしを衝突させるものと，隣り合う流体どうしのシェアーを利用するものに分けることができる．図 7.9 の上の三つは，衝突型，下の二つはシェアー型である．衝突型はまた酸化剤どうし，燃料どうし衝突させる同種衝突型と，酸化剤・燃料を衝突させる異種衝突型がある．衝突する流体の柱の数により，2 点衝突型 (Doublet)，3 点衝突型 (Triplet) などがある．

(a) 同種2点衝突　　(b) 異種2点衝突　　(c) 異種3点衝突

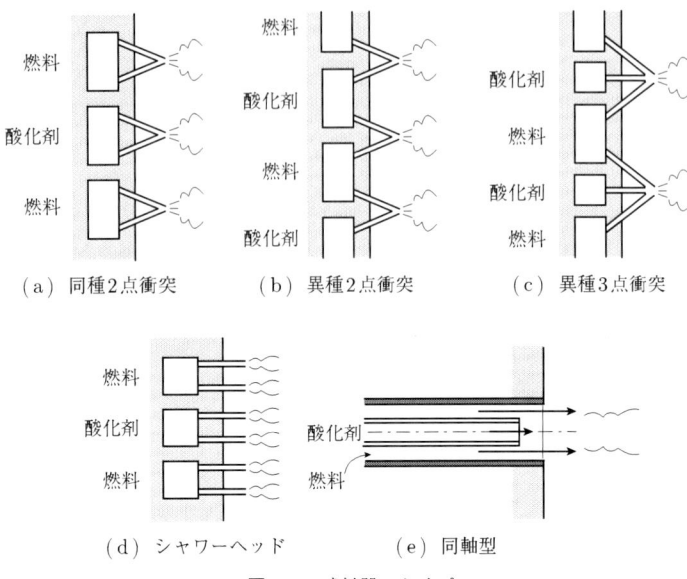

(d) シャワーヘッド　　(e) 同軸型

図 **7.9** 噴射器のタイプ

シェアー型は酸化剤，燃料を燃焼室にまっすぐ噴射するシャワー型 (Shower head)，酸化剤，燃料を同軸の円筒より噴射させる同軸型がある．とくに同軸型は，内筒に酸素，外筒にガス水素またはプレバーナーガスを流すことにより，酸素-水素エンジンに多く採用されている．

図 7.10 に，酸素-水素エンジンの噴射器の例を示す．噴射面にたくさんの噴射孔 (エレメント) が開いているが，この単位エレメント当たりの流量を，どの程度にするかは，過去の設計例を参考に決める．一般に，燃焼圧が高いエンジンほど大きめの流量をとっている．水素-酸素エンジンの過去の例を，図 7.11 に示す．

インジェクター前後の圧力差と流量の間には，次のような簡単な流体力学的関係がある．

$$Q = C_d A \sqrt{\frac{2\Delta p}{\rho}} \tag{7.19}$$

$$\dot{m} = Q\rho = C_d A \sqrt{2\rho\Delta p} \tag{7.20}$$

ここで，Q は体積流量，ρ は密度，C_d はオリフィスの流量係数，A はオリフィ

7.4 噴射器の設計

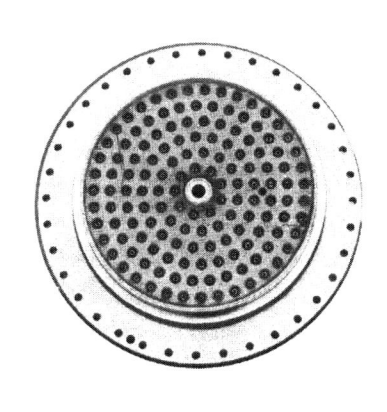

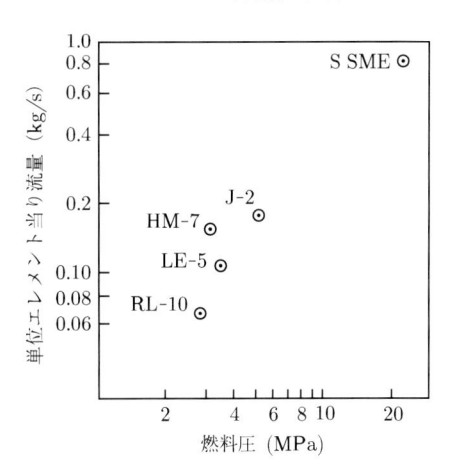

図 7.10 液酸/液水エンジンの噴射器 (TC–1002)[2]

図 7.11 液酸/液水エンジンの単位エレメント当たりの流量

スの断面積である．オリフィス流量係数は，流体の入口側のオリフィスエッジの丸みにより，多大な影響を受ける．このエッジの入口に，図 7.12 のようにきれいな丸みをもたせることができれば，C_d を 1.00 に近づけることができる．しかし，実際のオリフィス入口は，狭い空間に配置されるため，すべてのオリフィス入口をこのように仕上げることはできない．結局，工作の都合でシャープエッジのままで妥協せざるをえないことが多い．したがって，C_d を正確に予測することは困難であるため，各メーカーともできあがったインジェクターの水流量試験にて流量係数の確認を行っている．

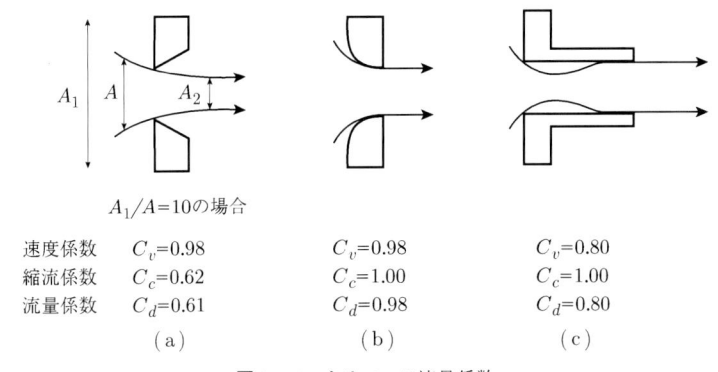

	(a) $A_1/A=10$の場合	(b)	(c)
速度係数	$C_v=0.98$	$C_v=0.98$	$C_v=0.80$
縮流係数	$C_c=0.62$	$C_c=1.00$	$C_c=1.00$
流量係数	$C_d=0.61$	$C_d=0.98$	$C_d=0.80$

図 7.12 オリフィス流量係数

インジェクターからの噴出速度 v は式 (7.19) より,

$$v = \frac{Q}{A} = C_d \sqrt{\frac{2\Delta p}{\rho}} \tag{7.21}$$

と与えられる．ここで，インジェクターオリフィス差圧 Δp は，燃焼圧の 10～30% にとられる．燃焼振動に影響の大きい酸化剤側が，燃料側より大きめにとられ 30% 前後であり，燃料側は 10～15% のことが多い．

衝突型インジェクターでは，推進薬の衝突後の方向に注意する必要がある．衝突した推進薬が，燃焼室の軸方向に流れるよう配慮しなくてはならない．とくに酸化剤が燃焼室壁に付着すると，燃焼室壁の過熱につながるので，避けなければならない．衝突前後のモーメンタムの方向を図 7.13 に示す．

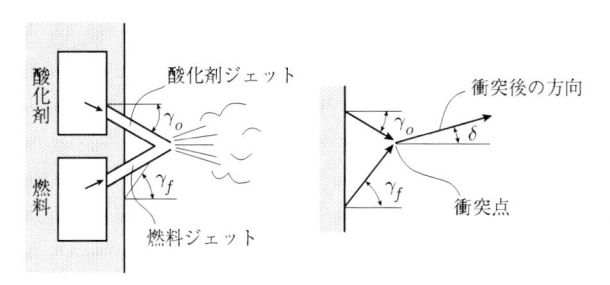

図 **7.13** 衝突後のモーメンタムの方向

衝突後の推薬の方向はモーメンタムの保存則より,

$$\tan \delta = \frac{\dot{m}_0 v_0 \sin \gamma_0 - \dot{m}_f v_f \sin \gamma_f}{\dot{m}_0 v_0 \cos \gamma_0 + \dot{m}_f v_f \cos \gamma_f} \tag{7.22}$$

となる．上述のように流れが軸方向を向くためには，上式で $\delta = 0$ とおいて，酸化剤，燃料の噴射角度の関係が，次のようでなければならない．

$$\dot{m}_0 v_0 \sin \gamma_0 = \dot{m}_f v_f \sin \gamma_f \tag{7.23}$$

7.5 ターボポンプの設計

ロケットエンジンのターボポンプは，燃焼室に推進薬を送り込むポンプと，それを駆動するタービンを一体にした機構品である．ターボポンプの実機例として，LE–7 エンジンの水素ターボポンプを図 7.14 に示す．図のターボポンプは，直結一軸式のタイプで，ポンプはタービンより伸びた同軸のシャフトによ

7.5 ターボポンプの設計

り駆動される．ポンプインペラー (ポンプ翼車) は 2 段で，インペラーのまえに小さな軸流段であるインデューサが置かれている．タービンは 1 段衝動式で，軸受は液体水素により冷却されている．

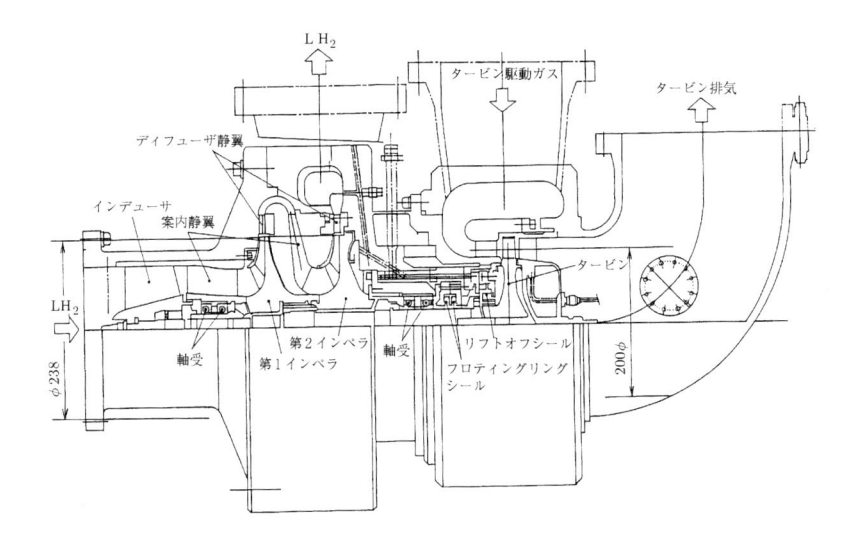

図 7.14 LE-7 エンジン水素ターボポンプ[3]

ポンプの設計では，次式で定義する揚程を用いるのが便利である．

$$\Delta H_p = \frac{\Delta P}{\gamma} \tag{7.24}$$

ここで，ΔP はポンプ発生圧力差，γ は推進薬の比重量 ($= \rho g$) であり，揚程の単位は m である．添字 p は，後のタービンと区別するために付けているが，ポンプを表すものとする．体積流量 Q は，

$$Q = \frac{\dot{m}_p}{\rho} \tag{7.25}$$

ポンプ駆動に必要な動力 W は，

$$W = \frac{\Delta H_p \dot{m}_p g}{\eta_p} \tag{7.26}$$

となる．ここで，η_p はポンプ効率である．W の単位は Nm/s である．ポンプ効率は，比較回転数 N_s と流量で，図 7.15 のように整理されている．

$$N_s = \frac{NQ^{1/2}}{\Delta H_p^{3/4}} \tag{7.27}$$

ここで，N はポンプ回転数 (rpm) である．

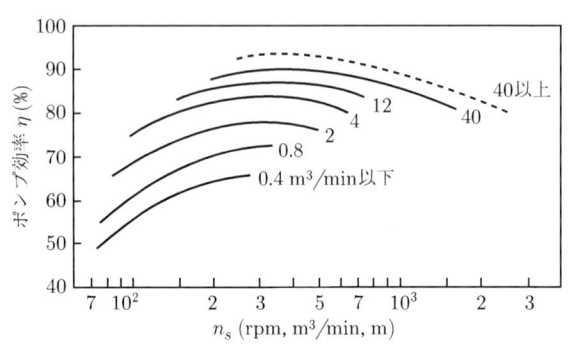

図 7.15 ポンプ効率

ポンプの最適な形状は，N_s により図7.16のように変わる．N_s が大きくなるに従いポンプは軸流型に近づく．ただし，この両図で使われている N, Q, ΔH の単位は rpm, m³/min, m である．

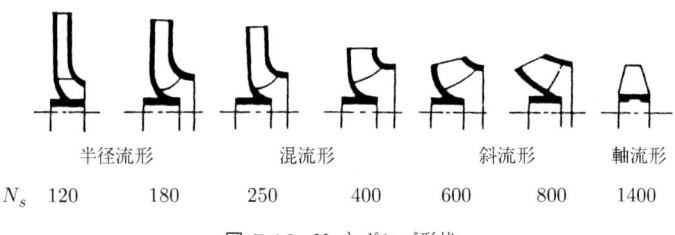

| N_s | 120 | 180 | 250 | 400 | 600 | 800 | 1400 |

半径流形　　混流形　　斜流形　軸流形

図 7.16 N_s とポンプ形状

次に，揚程係数 ξ により，ポンプインペラー外径を求める．ここで，揚程係数 ξ は，次の式により定義される．

$$\xi = \frac{\Delta H_p}{\left(\dfrac{u_2^2}{g}\right)} \tag{7.28}$$

添字 2 はポンプ出口を表す．ξ は比較回転数 N_s とインペラー出口角度 β_2 により与えられるが，通常使用される $\beta_2 = 20 \sim 25°$ では，$\xi = 0.5 \sim 0.6$ である．以上により u_2 が求められるため，ポンプ外径は，

$$D_2 = \frac{u_2}{\left(\dfrac{\pi N}{60}\right)} \tag{7.29}$$

となる．

　続いて，タービンの設計について述べる．式 (7.9), (7.10) より，タービンの必要動力が求められているから，これよりタービン必要流量を求める．

$$\dot{m}_t = \frac{W_t}{\eta_t \Delta H_t} \tag{7.30}$$

ここで，タービンエンタルピドロップ ΔH_t は，

$$\Delta H_t = c_p T_3 \left[1 - \left(\frac{P_4}{P_3}\right)^{\frac{k-1}{k}}\right] \tag{7.31}$$

で求められる．添字 3, 4 はタービン入口，出口を表している．タービン効率 η_t は，タービン速度比 u/c_0 をパラメータとして，図 7.17 のように与えられている．

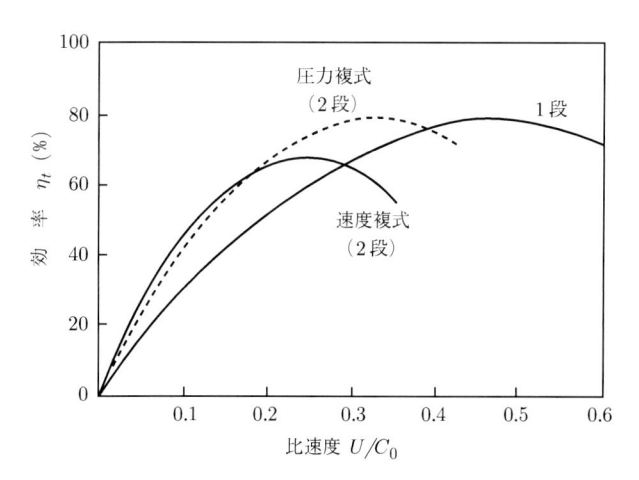

図 7.17　衝動タービンの効率

ここで，u はタービン周速，c_0 は理論膨張速度で，次式で与えられる．

$$c_0 = \sqrt{2\Delta H_t} \tag{7.32}$$

設計者は，ここで u/c_0 と効率を決めることになる．

　タービン外径は，この周速からポンプと同様に，

$$D_3 = \frac{u}{\left(\dfrac{\pi N}{60}\right)} \tag{7.33}$$

となる.

次に,ポンプ吸込み性能のチェックを行う.ポンプの吸込みでは,キャビテーションに注意しなければならない.キャビテーションは,液中に気泡が発生する現象で,これが起こると,振動,騒音を発し,性能も低下し,激しいものになると運転の継続も困難になる.

ロケットのタンクから少し加圧されて,ポンプ入口に推進薬が送り込まれている状態を考える.吸い込み管内の総圧は,タンク圧プラス液面による圧力の和になるはずであるが,流体抵抗のための圧力降下があり,ポンプ入口の圧力(総圧) h_s (吸込み揚程,suction head という) は,タンク圧力プラス液面圧分よりいくぶん低くなっている.この状態でポンプに流入すると,液体の圧力は翼の表面で加速されることにより,入口静圧よりさらに下がった後,羽根車によって圧力エネルギーを付与されるので,入口を少し入ったところで上昇に転じる.その様子を図 7.18 に示す.

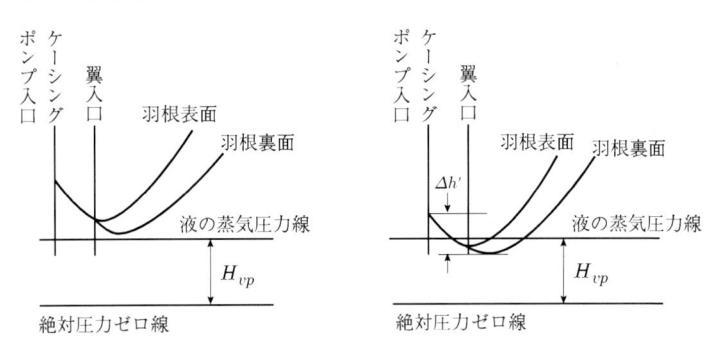

図 **7.18** ポンプ入口翼における圧力降下および上昇

キャビテーションは,この翼面の最低圧力が液の飽和蒸気圧 H_{vp} より低くなった右図のような状態となったときに発生する.この圧力降下を $\Delta h'$ と表すと,キャビテーションが発生しないためには,

   ポンプ入口静圧 − ポンプ入口における蒸気圧 > 圧力降下

となる.数式で表すと,

$$\left(h_s - \frac{v_1^2}{2g}\right) - H_{vp} > \Delta h' \tag{7.34}$$

となる.速度ヘッド分を右辺に移して,

$$h_s - H_{vp} > \Delta h' + \frac{v_1^2}{2g}$$

$\Delta h' + v_1^2/2g = \Delta h$ とすると,

$$(h_s - H_{vp}) > \Delta h \tag{7.35}$$

と表現することができる.

この $(h_s - H_{vp})$ を,有効 NPSH (Net Positive Suction Head) とよび,Δh を要求 NPSH とよんでいる.有効 NPSH は推進薬を供給する側からみたポンプ入口の吸込み揚程であり,タンク圧を高めたりすることにより調整することができる.要求 NPSH は,ポンプ自体に基因する必要吸込み揚程であり,ポンプ固有の値をとる.有効 NPSH を NPSHa (available NPSH), 要求 NPSH を NPSHr (required NPSH) として上式を書きなおすと,

$$\text{NPSH}_a > \text{NPSH}_r \tag{7.36}$$

となる.この式がポンプ入口でキャビテーションが発生しないための条件である.

ロケットタンクから推進薬が供給される場合の NPSH_a は,

$$\text{NPSH}_a = \frac{P_t}{\gamma} + z - \frac{\Delta P_f}{\gamma} - H_{vp} \tag{7.37}$$

となる.ここで,P_t はタンク圧,z は液面までの高さ,ΔP_f は摩擦損失,γ は比重量である.以上の圧力関係を,図 7.19 に表示する.

機体が加速中は,z の項は加速度による修正が行われなければならない.

このように,NPSH_a を知ることは比較的容易であるが,NPSH_r を知る簡便な方法はない.CFD (Computational Fluid Dynamics) により,羽根内の圧力分布を計算できなくもないが,複雑であり労力も大変である.一般にはできたポンプ羽根車を実験装置に組み込み,図 7.20 に示すように,入口圧力を下げて行ったときに,ポンプ出口圧力が 2% ダウンしたところをもって NPSH_r としている.

設計時にはこのような方法が使えないため,過去のデータから NPSH_r を推

78　7. 液体ロケットエンジン設計

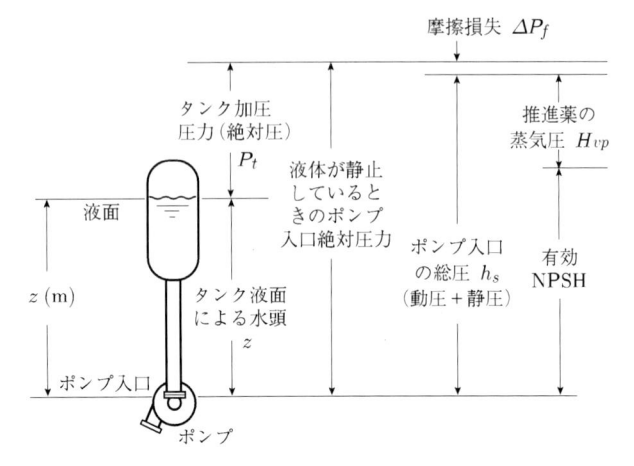

図 **7.19**　ポンプ入口圧力の定義

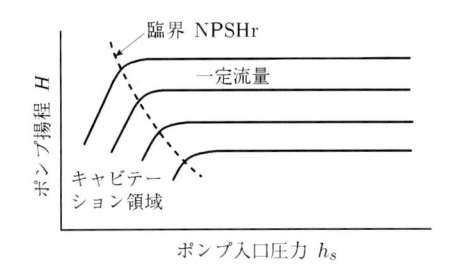

図 **7.20**　入口圧減少にともなうキャビテーションの発生

定することになる．ロケット用のターボポンプでは，ポンプ入口圧を高めるため，インペラーの直前に同軸の小型ポンプ(インデューサ)を置いている．この前置きのポンプの圧力上昇は，ほんのわずかであればよいため，比速度 N_s は大きく，したがって，インデューサ形状は軸流型ポンプとなる．また吸込み性能も N_s の小さいインペラーよりもよい．

過去のロケット用インデューサの性能は，図 7.21 のように，吸込比速度 S_s と流量係数 $\phi = C_{m1}/u_{t1}$ により整理されている．C_{m1} は入口軸方向速度，u_{t1} は入口チップ速度である．ここで，吸込比速度 S_s は，

$$S_s = \frac{NQ^{1/2}}{\mathrm{NPSH}_r^{3/4}} \tag{7.38}$$

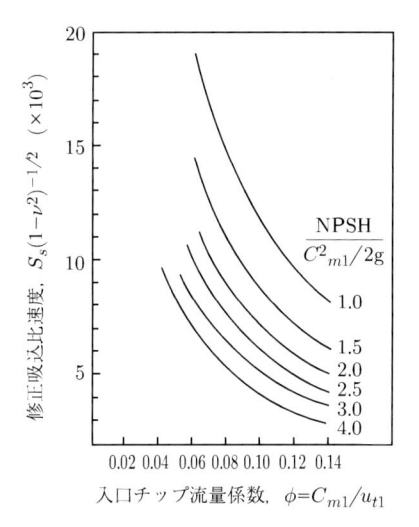

図 7.21 極低温インデューサ，ポンプにより得られた吸込比速度[4]

と定義される．ここで，N は回転数 (rpm)，Q は体積流量 (m^3/min) である．また $NPSH_r$ の単位は m である．図の縦軸は，

$$\frac{S_s}{\sqrt{1-\nu^2}} = \frac{S_s}{\sqrt{1-(D_b/D_t)^2}} \tag{7.39}$$

により修正されている．D_t はインデューサ入口のチップ径，D_b はボス径である．

S_s が大きいことは，$NPSH_r$ が小さいことに相当するため，図において，上方の点が高性能のインデューサということになる．また図のように，ϕ の小さいところで S_s は上昇するため，ϕ は小さくとることが多いが注意が必要である．図中で実線のないところやその延長上に ϕ をとることは，インデューサの作動点がふれて流量が少なくなったときに揚程の急減や逆流が発生して危険である．液体水素に関しては $NPSH/(C_{m1}^2/2g) = 1$ の線上に，液体酸素に関しては同じく 2 の線上に多くのデータがあるが，われわれは安全のため水素に関しては 2 を酸素に関しては 3 を採ることとする．ϕ を決めると，以下によりインデューサチップ径 D_t を求めることができる．

7. 液体ロケットエンジン設計

$$\phi = \frac{C_{m1}}{u_{1t}} = \frac{\left[\dfrac{4Q}{\pi D_t^2(1-\nu^2)}\right]}{\left[\dfrac{\pi N D_t}{60}\right]} \tag{7.40}$$

より

$$D_t = \left(\frac{240Q}{\phi \pi^2 N(1-\nu^2)}\right)^{\frac{1}{3}} \tag{7.41}$$

NPSH_r は，選択した ϕ により図から得られた S_s より求める．

$$\mathrm{NPSH}_r = \left[\frac{NQ^{\frac{1}{2}}}{S_s}\right]^{\frac{4}{3}} \tag{7.42}$$

NPSH_a は，こうして得られた NPSH_r に，十分な余裕をもって決めなければならない．回転数 N が低くなれば NPSH_r が小さくなり，吸込み性能としてはよいが，N が低すぎると，ポンプもタービンも大きくなってしまうため，設計上の兼ね合いが重要となってくる．

例題 7.1 例題 6.2 のエンジンの圧力バランスより，ターボポンプ出口圧力をきめよ．

条件：燃焼圧 $P_c = 3.43$ MPa

解 （1）酸化剤配管の圧力損失を 0.686 MPa，噴射器差圧を P_c の 30% ととると，式 (7.5) から酸素ポンプの出口圧力は，

$$P_d = \Delta P_{loss} + \Delta P_{inj} + P_c = 0.686 + 0.3 \times 3.43 + 3.43 = 5.14 \text{ MPa}$$

酸素ポンプ入口圧を 0.39 MPa とすると，ポンプの獲得圧力は

$$\Delta P_{pump} = P_d - P_s = 5.14 - 0.39 = 4.75 \text{ MPa}$$

となる．

（2）燃料側の配管圧力損失は，燃焼室の再生冷却チューブでの圧力損失を含むから 1.54 MPa とし，噴射器差圧を P_c の 15% とすると，燃料ポンプの出口圧は，

$$P_d = \Delta P_{loss} + \Delta P_{inj} + P_c = 1.54 + 0.15 \times 3.43 + 3.43 = 5.48 \text{ MPa}$$

燃料ポンプ入口圧を 0.19 MPa とすると，ポンプの獲得圧は，

$$\Delta P_{pump} = P_d - P_s = 5.48 - 0.19 = 5.29 \text{ MPa}$$

となる．

例題 7.2 同じエンジンの推力室を設計せよ．

7.5 ターボポンプの設計

条件：ノズル長さは 80% コニカルとする.

解 (1) 推力室スロート面積 At は，例題 6.1 の $C_F = 1.917$ を用いて，式 (7.11) から

$$A_t = \frac{F}{C_F P_c} = \frac{98000}{1.917 \times 3.43 \times 10^6} = 149.0 \text{ cm}^2$$

となる．したがってスロート直径 D_t は

$$D_t = \sqrt{\frac{4A_t}{\pi}} = \sqrt{\frac{4 \times 149.0}{\pi}} = 13.77 \text{ cm}$$

(2) 推力室容積 V_c は，表 7.1 から L^* を 0.5 m として，

$$V_c = A_t L^* = 149.0 \times 50 = 7450 \text{ cm}^3$$

推力室断面積 A_c は，コントラクション・レシオを 2.0 として，式 (7.15) から

$$A_c = A_t \varepsilon_c = 149.0 \times 2.0 = 298.0 \text{ cm}^2$$

また，推力室直径は

$$D_c = D_t \sqrt{\varepsilon_c} = 13.77 \times \sqrt{2.0} = 19.47 \text{ cm}$$

(3) ノズル出口直径 D_e はノズル膨張比 $\varepsilon = 140$ より

$$D_e = \sqrt{\frac{4\varepsilon A_t}{\pi}} = \sqrt{\frac{4 \times 140 \times 149.0}{\pi}} = 162.9 \text{ cm}$$

ノズル長さは，80% ベルとして式 (7.17) より，

$$L_n = 0.8 \frac{R_t(\sqrt{\varepsilon}-1) + R(\sec\alpha - 1)}{\tan\alpha}$$
$$= 0.8 \frac{6.885 \times (\sqrt{140}-1) + 0.382 \times 6.885 \times (\sec 15 - 1)}{\tan 15}$$
$$= 222.9 \text{ cm}$$

例題 7.3 同じエンジンターボポンプのポンプ部を設計せよ.

条件：酸素ポンプ回転数 $N_0 = 16500$ rpm
　　　水素ポンプ回転数 $N_f = 48500$ rpm
$$\rho_0 = 1.14 \times 10^3 \text{ kg/m}^3$$
$$\rho_f = 0.07 \times 10^3 \text{ kg/m}^3$$
$$\xi_0 = \xi_f = 0.55$$

解 (1) 酸素ポンプ揚程

$$\Delta H_{p0} = \frac{\Delta P_0}{\rho_0 g} = \frac{4.75 \times 10^6}{1.14 \times 10^3 \times 9.80} = 425.1 \text{ m}$$

水素ポンプ揚程

7. 液体ロケットエンジン設計

$$\Delta H_{pf} = \frac{\Delta P_f}{\rho_f g} = \frac{5.29 \times 10^6}{0.07 \times 10^3 \times 9.80} = 7711.3 \text{ m}$$

(2) 例題 6.1 の質量流量を用いて体積流量を求める

$$Q_0 = \frac{\dot{m}_{p0}}{\rho_0} = \frac{18.8}{1.14 \times 10^3} = 0.01649 \text{ m}^3/\text{s}$$

$$Q_f = \frac{\dot{m}_{pf}}{\rho_f} = \frac{3.417}{0.07 \times 10^3} = 0.04881 \text{ m}^3/\text{s}$$

(3) 比較回転数 N_s を求める.

$$N_{s0} = \frac{N_0 \sqrt{Q_0}}{\Delta H_{p0}^{3/4}} = \frac{16500 \times \sqrt{0.01649 \times 60}}{425.1^{3/4}} = 175.3$$

$$N_{sf} = \frac{48500 \times \sqrt{0.04881 \times 60}}{7711.3^{3/4}} = 100.8$$

(4) 図 7.15 からポンプ効率を求める.

$$\eta_0 = 0.70$$

$$\eta_f = 0.75$$

(5) ポンプ駆動に必要な動力は,式 (7.26) より

$$W_0 = \frac{\Delta H_{p0} \dot{m}_{p0} g}{\eta_{p0}} = \frac{425.1 \times 18.8 \times 9.80}{0.70} = 111886.3 \text{ Nm/s}$$

$$W_f = \frac{7711.3 \times 3.417 \times 9.80}{0.75} = 344300.2 \text{ Nm/s}$$

(6) ポンプ周速は式 (7.28) において,仮定した揚程係数より,

$$u_{20} = \sqrt{\frac{g \Delta H_{p0}}{\xi}} = \sqrt{\frac{9.80 \times 425.1}{0.55}} = 87.0 \text{ m/s}$$

$$u_{2f} = \sqrt{\frac{9.80 \times 7711.3}{0.55}} = 370.6 \text{ m/s}$$

(7) ポンプ外径は

$$D_{20} = \frac{u_{20}}{\left(\frac{\pi N_0}{60}\right)} = \frac{87.0}{\left(\frac{\pi \times 16500}{60}\right)} = 0.100 \text{ m}$$

$$D_{2f} = \frac{370.6}{\left(\frac{\pi \times 48500}{60}\right)} = 0.145 \text{ m}$$

7.5 ターボポンプの設計　83

例題 7.4　同じくタービン部を設計せよ．

条件：ガスジェネレータ混合比は 0.9 とし，水素タービンを通ったガスが酸素タービンにまわって行く方式とする．

水素タービン入口圧力　$P_{3f} = 2.54$ MPa
水素タービン出口圧力　$P_{4f} = 0.49$ MPa
酸素タービン入口圧力　$P_{30} = 0.48$ MPa
酸素タービン出口圧力　$P_{40} = 0.21$ MPa
水素タービン入口温度　$T_{3f} = 900$ K
酸素タービン入口温度　$T_{30} = 740$ K

$c_p = 7.955$ kJ/kgK
$k = 1.365$
$\left(\frac{u}{c_0}\right)_f = 0.15,\quad \left(\frac{u}{c_0}\right)_0 = 0.09$
メカニカル効率　$\eta_{m_f} = \eta_{m_0} = 0.92$

解　(1) タービンエンタルピドロップ

$$\Delta H_{tf} = c_p T_{3f} \left[1 - \left(\frac{P_{4f}}{P_{3f}}\right)^{\frac{k-1}{k}}\right]$$

$$= 7.955 \times 900 \times \left[1 - \left(\frac{0.49}{2.54}\right)^{\frac{1.365-1}{1.365}}\right] = 2548.5 \text{ kJ/kg}$$

$$\Delta H_{t0} = 7.955 \times 740 \times \left[1 - \left(\frac{0.21}{0.48}\right)^{\frac{1.365-1}{1.365}}\right] = 1167.4 \text{ kJ/kg}$$

(2) タービン効率は，図 7.17 より

$\eta_f = 0.50$
$\eta_0 = 0.40$

(3) タービン発生動力をポンプ必要動力から求める．

$$W_{tf} = \frac{W_f}{\eta_{m_f}} = \frac{344300.2}{0.92} = 374.2 \text{ kJ/s}$$

$$W_{t0} = \frac{111886.3}{0.92} = 121.6 \text{ kJ/s}$$

(4) タービン流量は式 (7.30) より

$$\dot{m}_{tf} = \frac{W_{tf}}{\eta_{tf}\Delta H_{tf}} = \frac{374.2}{0.5 \times 2548.5} = 0.293 \text{ kg/s}$$

$$\dot{m}_{t0} = \frac{W_{t0}}{\eta_{t0}\Delta H_{t0}} = \frac{121.6}{0.4 \times 1167.4} = 0.260 \text{ kg/s}$$

これらの流量をポンプ流量にプラスしないと流量バランスが取れないわけであるが，ここでは繰返し計算を省略する．

(5) 理論膨張速度は式 (7.32) より，
$$c_{0f} = \sqrt{2\Delta H_{tf}} = \sqrt{2 \times 2548.5 \times 10^3} = 2257.6 \text{ m/s}$$
$$c_{00} = \sqrt{2 \times 1167.4 \times 10^3} = 1528.0 \text{ m/s}$$

(6) 仮定した u/c_0 よりタービン周速は，
$$u_f = 0.15 \times 2257.6 = 338.6 \text{ m/s}$$
$$u_0 = 0.09 \times 1528.6 = 137.5 \text{ m/s}$$

(7) タービン外径は，
$$D_{3f} = \frac{u_f}{\left(\dfrac{\pi N_f}{60}\right)} = \frac{338.6}{\left(\dfrac{\pi \times 48500}{60}\right)} = 0.133 \text{ m}$$
$$D_{30} = \frac{137.5}{\left(\dfrac{\pi \times 16500}{60}\right)} = 0.159 \text{ m}$$

以上で酸素ポンプ，タービンおよび水素ポンプ，タービンの主要項目を決めることができた．

例題 7.5 このターボポンプの吸込み性能を確認せよ．

条件：流量係数　酸素インデューサ $\phi_0 = 0.11$, 酸素入口温度 $T_{02} = 94$ K
水素インデューサ $\phi_f = 0.10$, 水素入口温度 $T_{H2} = 22$ K
インデューサチップ・ボス比ヌー $\nu_0 = \nu_f = 0.3$

解　酸素インデューサ外径は，式 (7.41) より，
$$D_{t0} = \left(\frac{240 Q_0}{\phi_0 \pi^2 N_0 (1 - v_0^2)}\right)^{1/3}$$
$$= \left(\frac{240 \times 0.01648}{0.11 \times \pi^2 \times 16500 \times (1 - 0.3^2)}\right)^{1/3} = 0.0623 \text{ m}$$
$$D_{tf} = \left(\frac{240 \times 0.04881}{0.10 \times \pi^2 \times 48500 \times (1 - 0.3^2)}\right)^{1/3} = 0.0645 \text{ m}$$

入口軸方向速度は，(7.40) より，
$$C_{m10} = \frac{4 Q_0}{\pi D_{t0}^2 (1 - v^2)} = \frac{4 \times 0.01648}{\pi \times 0.0623^2 (1 - 0.3^2)} = 5.94 \text{ m/s}$$
$$C_{m1f} = \frac{4 \times 0.04881}{\pi \times 0.0645^2 \times (1 - 0.3^2)} = 16.41 \text{ m/s}$$

図 7.21 より修正 S_s を読みとると，

$$\frac{(S_s)_0}{(1-\nu^2)^{1/2}} = 4700 \quad これより \quad (S_s)_0 = 4480$$

$$\frac{(S_s)_f}{(1-\nu^2)^{1/2}} = 7000 \quad これより \quad (S_s)_f = 6670$$

酸素の場合は $\text{NPSH}/(C_{m12}/2g) = 3$ の線上の値を読み，水素の場合は 2 の線上の値を読んでいる．単位系は (rpm, m^3/min, m) である．

NPSH_r は式 (7.42) より

$$\text{NPSH}_{r0} = \left[\frac{N_0\sqrt{Q_0}}{S_s}\right]^{4/3} = \left[\frac{16500 \times \sqrt{0.01648 \times 60}}{4480}\right]^{4/3} = 5.64 \text{ m}$$

$$\text{NPSH}_{rf} = \left[\frac{48500\sqrt{0.04881 \times 60}}{6670}\right]^{4/3} = 28.8 \text{ m}$$

一方，仮定したポンプ入口総圧と図 5.1 から読んだ蒸気圧から有効 NPSH_a を求めると，

$$\text{NPSH}_{a0} = \frac{(0.39 - 0.16) \times 10^6}{1.14 \times 10^3 \times 9.80} = 20.5 \text{ m}$$

同様に，水素ポンプでは，

$$\text{NPSH}_{af} = \frac{(0.19 - 0.145) \times 10^6}{0.07 \times 10^3 \times 9.80} = 65.5 \text{ m}$$

以上の検討により，酸素ポンプインデューサ，水素ポンプインデューサとも

$$\text{NPSH}_a > \text{NPSH}_r$$

を満足している．これにより吸込み性能が確認されたことになる．

参 考 文 献

[1] D.H.Huzel, D.H.Huang: Design of Liquid Propellant Rocket Engines, Second Ed., p91, Fig4-14, NASA-SP-125, 1971 年
[2] 秋葉鐐二郎，成尾芳博他：液水/液酸溝構造燃焼器の試作と燃焼実験，宇宙科学研究所報告，特集第 6 号．p.234．図 2–11．1983 年
[3] Y.Torii, E.Sogame, K.Kamijo, T.Ito, K.Suzuki "Development Status of LE-7", Acta Astrounautica vol.1, No.3, pp331-340, 1988 年
[4] D.H.Huzel, D.H.Huang: Design of Liquid Propellant Rocket Engines, Third Ed., p177, Fig6-34, NASA-SP-125

8 固体ロケット

固体ロケットでは，推進剤は燃焼室内に直接充てんされ，密封したまま長期間 (5～20年) 保管することが可能であり，この点で液体ロケットと大きく異なっている．ロケットの機構も，ノズル首振り部を除き可動部分がなく，非常に簡単である．また発射作業も容易である．これらの特徴から，長期保管後，きわめて短時間に発射する必要のある軍用ミサイルに多用されている．推力も液体ロケットに比べ，非常に大きくとることができ，なかには 10000 kN を超えるものまである．

図 8.1 にモータケース本体，ノズルスロート，ノズルコーン，推進剤グレインなどを含む固体ロケットの主要構成品を示す．モータケースの内側は，ゴム状の有機剤でライニングされ，推進剤グレインとケースの接着をよくしている．またこのライニングされた有機剤は，ケースに対する断熱剤としても作用している．

8.1 固体推進剤の燃焼速度

推進剤の燃焼速度は，燃焼室の圧力，推進剤の初期温度，モータの加速度などの影響を受ける．これらは，燃焼解析モデルにより解析が可能であり，設計初期の性能推定には有効である．製作後の評価には，ストランドバーナ，小型モータ，実物大モータによる実験が不可欠である．

ストランドバーナは，小型の圧力容器で，そのなかで推進剤は細い棒状 (ストランド) に形成されており，一端に点火され，他端まで燃焼させ，燃焼速度を測定するもので，燃焼室は，不活性ガスにより加圧され実際の圧力がシミュレートできるようになっている．ストランドバーナで計測した速度は，燃焼室の熱環境をシミュレートできないため，実際のモータで得られる値より通常 5

8.1 固体推進剤の燃焼速度

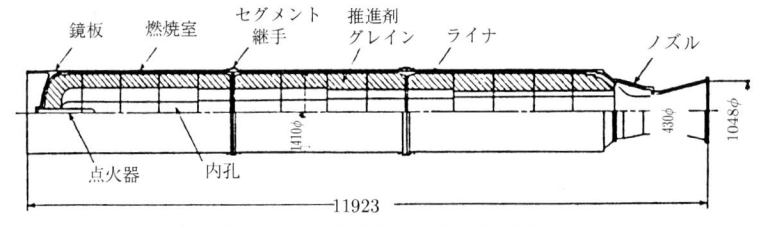

(a) M-10モータ (M4Sロケットの第1段)

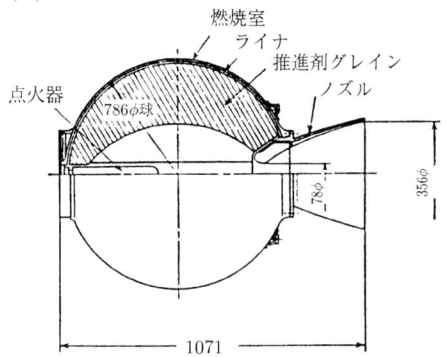

(b) M-40モータ (M4Sロケットの第4段)

図 8.1 固体ロケットモータ[1]

～12% 低い．小型モータでも寸法効果の影響で，燃焼速度は低くなる．

モータから流出する質量流量 $\dot{m}$ は，燃焼速度を r として次式で表すことができる．

$$\dot{m} = A_b r \rho_b \tag{8.1}$$

ここで，A_b は推進剤グレインの燃焼面積，ρ_b は燃焼前の固体推進剤の密度である．有効燃焼推進剤の全量 m は，式 (8.1) を積分して，

$$m = \int \dot{m} dt = \rho_b \int A_b r dt \tag{8.2}$$

となる．ここで，A_b と r は時間の関数である．

（1） 燃焼速度と圧力の関係

固体推進剤の燃焼速度は，グレインの燃焼面に接触するガス圧が増加するに従い大きくなる．その実験式は，

8. 固体ロケット

$$r = ap_1^n \tag{8.3}$$

と表される．r は通常，mm/s または in/s，p_1 は kgf/cm², psi, MPa で表す．a は実験で得られる燃焼前の温度により変化する定数である．n は圧力指数または燃焼指数とよばれるもので，グレインの初期温度とは無関係であり，燃焼速度に与える燃焼圧の影響を表している．式 (8.3) の対数をとると，

$$\ln r = \ln a + n \ln p_1 \tag{8.4}$$

となり，両対数座標にプロットすると，燃焼速度は燃焼圧 p_1 に対し，傾斜 n の直線で表されることになる．

図 8.2 に，数種類の固体推進剤の圧力および温度と，燃焼速度との関係を示す．これらは計算されたもので，図のように直線になるが，実際の反応速度は，一部わずかに湾曲した曲線になる．一般に，硝酸アンモニウムを含んだコンポジット推進剤は，きわめて燃焼速度が遅く，過塩素酸アンモニウム系コンポジット推進剤は，中程度の燃焼速度をもち，JPN 型ダブルベース推進剤の燃焼速度はその両者より大きい．

燃焼速度は，指数 n にきわめて敏感である．n は通常，0.2〜0.8 の間にある．

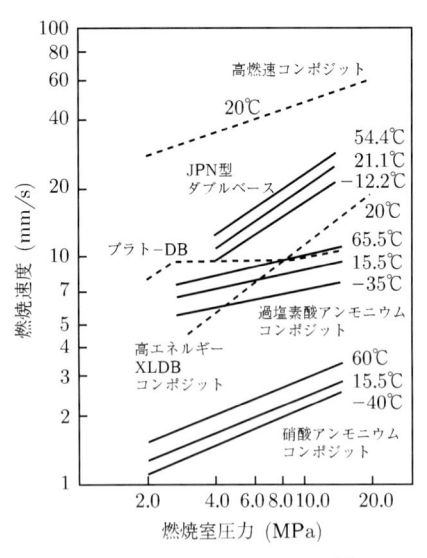

図 8.2 固体推進剤の燃焼速度[2]

n が大きいと,圧力に対する燃焼速度の変化が大きく,とくに n が 1 に近づくと,燃焼速度と燃焼圧力は,互いにきわめて敏感な関係になり,数ミリ秒で燃焼圧が急上昇し,燃焼室が破壊することがある.一方,圧力の広い範囲にわたり実質的に燃焼速度の変わらない推進剤がある.プラトー推進剤 (圧力不感推進剤) とよばれるものであるが,この推進剤の n は 0 である.図中にプラトーDB として示している.

(2) 燃焼速度と温度の関係

燃焼開始前の推進剤グレインの初期温度は,図 8.3 に示すように,燃焼速度に多大の影響を与える.温度感受性の高いこの図のような推進剤では,高々 50°C 程度の温度範囲で,燃焼室圧力,燃焼時間ともに大きく変化する.したがって,固体ロケットモータの開発試験においては,通常,燃焼のまえに数時間かけて推進剤グレイン温度が均一になるように調整する.

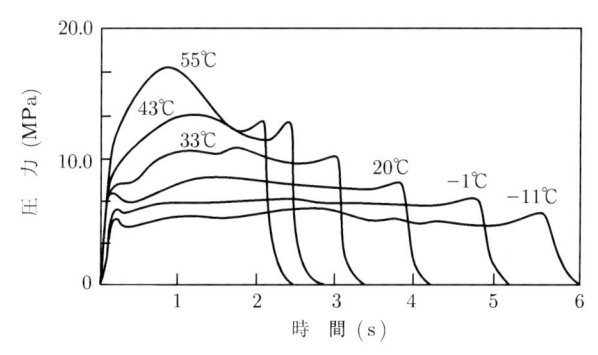

図 8.3 固体推進剤の圧力−時間曲線に及ぼす温度の影響 (3.25in ロケット)[3]

(3) 侵食による燃焼速度の増加

多くの固体ロケットの定常燃焼状態での推進剤表面のガス流速は,比較的低いが,高性能ロケットではかなり速く,ノズルスロート部の流速に近いものがある.推進剤表面のガス流速が増加すると,しだいに燃焼速度が大きくなってくる現象を侵食燃焼 (erosive burning) とよび,推進剤表面の熱伝達率が高くなることがその原因と考えられている.モータ内部の中空孔の断面積が,スロート面積 A_t に比べて小さく,その比が 4 以下のときに発生しやすい.

侵食燃焼が発生すると物質の流れが増加し，図 8.4 に示すように，燃焼の初期に燃焼圧と推力を増大させる．燃焼が進んで流路が大きくなると，中空孔の断面積は増大し (燃焼面積は中空孔の半径 r の 1 乗に比例して増すのみなので)，中空孔部での流速が減じて，正常燃焼に復帰する．推進剤をはじめの侵食燃焼中に速く消耗してしまうため，通常は燃焼末期には流量と推力の減少がある．

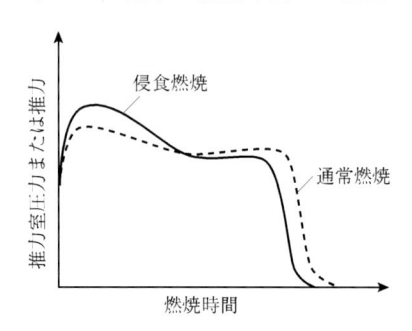

図 8.4 侵食燃焼がある場合の圧力–時間カーブ

(4) その他の原因による燃焼速度の増大

燃焼速度は，ロケットの加速度によっても影響を受ける．ロケットモータが縦軸まわりに回転 (スピン) する場合や，軍用ミサイルのように側方や機軸方向に大きな加速度を受ける場合には，燃焼速度が増大する．

推進剤表面にひび割れや傷があると，見かけ上の燃焼速度が増大する．ひび割れは余分の燃焼面積となり，燃焼ガスの量が増大するためである．ひび割れが大きい場合には，グレインが破壊することもある．また大加速度とか燃焼室圧力の急上昇は，グレインの応力を高めひび割れの原因となることがある．

8.2 基本性能関係式

質量保存則から，単位時間に燃焼する推進剤質量は，燃焼室内のガス量の時間変化とノズルから流出するガス流量の和となる．

$$A_b r \rho_b = \frac{d}{dt}(\rho_1 V_1) + A_t p_1 \sqrt{\frac{k}{RT_1}\left(\frac{2}{k+1}\right)^{\frac{k+1}{k-1}}} \qquad (8.5)$$

この式の左辺は，固体推進剤からのガス発生量である．右辺の第 1 項は，燃

焼室内での推進剤量の変化であり，第 2 項は，式 (4.46) によるノズルを通って排出されるガスの質量流量を表している．ここで，A_b はグレインの燃焼面積，r は燃焼速度，ρ_b はグレインの密度，ρ_1 は燃焼室内のガス密度，V_1 は燃焼室でガスの占める容積，A_t はスロート面積，p_1 は燃焼圧力，T_1 は燃焼ガス温度，R は燃焼ガスのガス定数，k は比熱比である．V_1 は推進剤が消費されるに従い大きくなる．T_1 は通常一定と仮定する．

　燃焼面積 A_b およびガス量 V_1 は，時間とともに大きく変化する．着火などのトランジェント状態を除き，定常状態では，右辺第 1 項は第 2 項に比べて省略できる．そこで定常状態の式は式 (8.5) を変形し，かつ式 (8.3) の r を代入して，

$$\frac{A_b}{A_t} = \frac{p_1 \sqrt{k \left[\frac{2}{k+1}\right]^{\frac{k+1}{k-1}}}}{\rho_b r \sqrt{RT_1}}$$

$$= \frac{p_1^{(1-n)} \sqrt{k \left[\frac{2}{k+1}\right]^{\frac{k+1}{k-1}}}}{\rho_b a \sqrt{RT_1}} = K \tag{8.6}$$

となる．ノズルスロート面積に対する燃焼面積の比 K は，固体ロケットでは重要なファクターである．式 (8.6) より燃焼圧を K の関数で表すと，

$$p_1 \approx \left(\frac{A_b}{A_t}\right)^{\frac{1}{1-n}} = K^{\frac{1}{1-n}} \tag{8.7}$$

となる．この式は，燃焼面積，燃焼圧力，スロート面積および推進剤の性質などの間の関係を表している．$n = 0.8$ の推進剤では，燃焼圧は K の 5 乗に比例することがわかる．このようなときには，燃焼面積がわずかに変わっても，燃焼圧に (同時に燃焼速度に) 大きな影響を与えることになる．そのため，推進剤の n の値は，十分低いことが望まれる．

　式 (8.7) と式 (4.55) の特性排気速度 c^* の定義から，

$$K = \frac{A_b}{A_t} = \frac{p_1^{(1-n)}}{a \rho_b c^*} \tag{8.8}$$

となり，上式を書き換えて，

$$p_1 = (K a \rho_b c^*)^{\frac{1}{1-n}} \tag{8.9}$$

となる．ここで，a，ρ_b は定数，c^* はあまり変化しないから，式 (8.9) は燃焼圧

の K に関する関係を表している．この式は，燃焼速度の燃焼圧に関するごく簡単な式 (8.3) から導かれたが，実際には，多くの推進剤に対してあまりよく一致しない．正確には，実験データから求めなければならないことが多い．

固体ロケットのトータルインパルス I_t は，推力 F をモータの作動時間にわたって積分すれば得られる．

$$I_t = \int_{t_{ig}}^{t_{b0}} F\,dt \tag{8.10}$$

ここで，t_{ig} は燃焼開始時間，t_{b0} は燃焼終了時間である．燃焼開始時間は点火薬に通電した時点を 0 とする．この時点より推力立ち上がりまで多少時間遅れがあるが，気になる程度ではない．問題は燃焼終了の時間である．固体モータでは，推力が減少 (テイルオフ) した後も，だらだらとノズルからガスが出てきて，推力がいつまでも完全に 0 とならない．燃焼終了時間に関して，種々の定義があるが，図 8.5 はその代表的なものである．最大推力の 1% を切る時点までを，最大燃焼時間 t_a，定常推力の接線とテイルオフの接線のなす角度を二等分する線が推力曲線と交わる点までの時間を，有効燃焼時間 t_b とする．

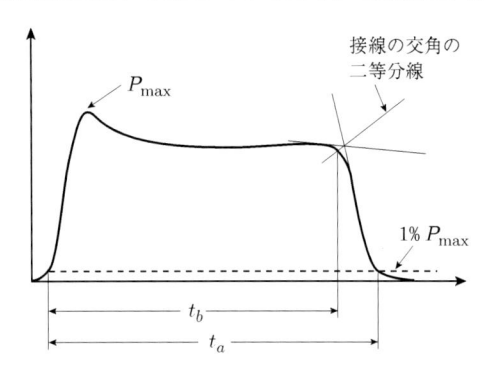

図 **8.5** 固体のロケット燃焼時間の定義

有効燃焼時間 t_b 間の平均推力を $\overline{F}$ とすると，トータルインパルスは，

$$I_t = \int_{t_{ig}}^{t_b} F\,dt = \overline{F}t_b \tag{8.11}$$

固体ロケットの性能評価を行うパラメータは，通常の I_{sp} のほかに，トータルインパルス対全備重量比 I_p および容積充てん率 V_f がある．まず，比推力 I_{sp} は，推進剤の流量の測定が困難であるため，燃焼前後の質量を測定して，

$$I_{sp} = \frac{I_t}{(m_{ig} - m_b)g} \tag{8.12}$$

により求める．ここで，m_{ig} は燃焼開始時の質量，m_b は燃焼終了時の質量である．トータルインパルス対全備重量比 I_p は，

$$I_p = \frac{I_t}{w_G} \tag{8.13}$$

となる．ここで，w_G はモータの全備重量で，推進剤重量とハードウエア重量の和である．ハードウエア重量が少ないほど，ロケット本体の設計はすぐれていることになるが，この値が小さければ I_p は I_{sp} に近づくことになる．通常の固体ロケットモータでは，I_{sp} は 180〜290 秒，I_p は 100〜230 秒の範囲にある．容積充てん率 V_f は，式 (8.12) を用いて，

$$V_f = \frac{V_b}{V_c} = \frac{I_t}{I_{sp}\rho_b g_0 V_c} \tag{8.14}$$

となる．ここで，V_b は推進剤容積，V_c は燃焼室容積，ρ_b は推進剤の密度である．グレインの特定の面から発焼するように，ほかの面は燃焼制限剤で覆ってある制限燃焼式ロケットでは，V_f は 0.95〜0.90 の範囲にあり，グレインの全面から同時に発焼する非制限燃焼式ロケットでは，V_f は 0.85〜0.75 の範囲にある．

8.3 推進剤グレイン形状

固体ロケットの推力は，すでに述べたように，有効排気速度と質量流量の積に等しく，また質量流量は，推進剤の表面積と燃焼速度の積に比例する．したがって，固体ロケットの燃焼面積は，固体ロケットの性能を支配する一つの重要なパラメータといえる．グレインの設計にあたっては，充てん率をあげるとともに，妥当な燃焼面積をもつこと，侵食燃焼が発生しない工夫などが大切である．

ロケットの発射から燃焼終了までの燃焼圧 (したがって推力) は，通常，そのロケットの使用者側から与えられる．たとえば，ロケットの重量は発射時に最大であり，このときに大きな推力を必要とするが，燃焼が進むにつれて軽くなるため，燃焼後半ではそれほど大きな推力を必要としない．推進剤グレインの形状を工夫することにより，図 8.6 のような推力要求に対応できる．

8. 固体ロケット

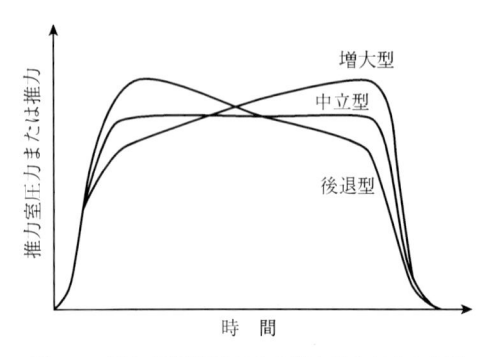

図 8.6 圧力−時間特性による推力発生方式の分類

　グレインの形状には，端面燃焼型，内面燃焼型および星形内面燃焼型に大別できる．端面燃焼型 (a) は，内部に空洞のない円筒状のグレインで，最も充てん率の大きい方式である．グレインの円筒側面と他端を，燃焼制限剤で覆ってあり，図 8.7 に示すように，一端だけから燃焼を続けるもので，シガレット式燃焼グレインとよばれることもある．燃焼面積は，燃焼時間中一定に保つことができるが，二つの重大な欠点ももっている．一つは，燃焼面積が πr_c^2 (r_c は円筒の半径) に比例するため，大きな半径をとれないロケットでは，推力が低くなってしまう．もう一つは，燃焼が進むにつれて燃焼室の壁が高温の燃焼ガスにさらされてしまうことである．内面燃焼型の管状グレイン (b) では，燃焼は放射方向にのみ進むから，燃焼面積は $2\pi r$ (r はグレイン半径) に比例して直線的に増大する．端面燃焼型のように燃焼室の壁が高温ガスにさらされることはないが，燃焼とともに増大する燃焼圧に，とくに燃焼末期の最大燃焼圧に燃焼

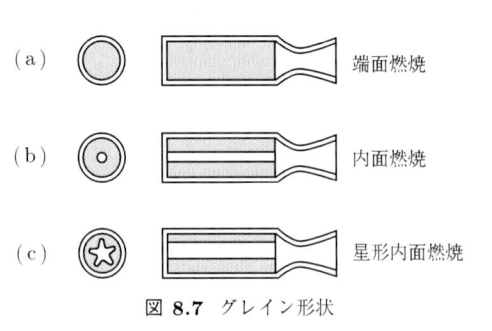

(a)　　　　　　　　　　端面燃焼

(b)　　　　　　　　　　内面燃焼

(c)　　　　　　　　　　星形内面燃焼

図 8.7　グレイン形状

室は耐える必要があり，ロケット全体が重くなってしまう．星形グレイン (c) は，管状グレインの内側に突起を出して定圧燃焼を実現しようとするもので，(a) (b) の欠点が除かれ，今日では最も使用されている形式である．ただし，設計においては，突起部の応力集中に注意する必要がある．

後退型グレインは，円筒内に棒を立てる形状のグレインで実現できるが，棒状グレインを固定する方法に難点があり，今日ではあまり使われていない．

8.4 ロケットモータの構造

多くの固体ロケットモータは，円筒形または球形のような単純な形状をもっている．モータは構造的には，内圧がかかる圧力容器とみなすことができる．単純な円筒の場合にモータ壁にかかる応力は，薄膜理論から推定できる．これは，壁に発生する応力はすべて引張りにより発生すると仮定するもので，以下のような結果となる．いま円筒の内径を r，内圧を p，壁の板厚を t，周方向の応力を σ_θ，長手方向の応力 σ_l とすると，

$$\sigma_\theta = \frac{rp}{t} \tag{8.15}$$

$$\sigma_l = \frac{rp}{2t} \tag{8.16}$$

となり，長手方向の応力は周方向応力の半分となる．板厚 t は，両応力の組合せ応力が材料の降伏応力より小さくなるように選択する．円筒部以外の点火装置の取り付け部や圧力計測部は，応力集中が起こらないよう板厚を増す必要がある．

球殻の場合の応力 σ_θ は，$rp/2t$ となり，半径および板厚が等しい円筒に生ずる周方向応力の半分となる．

金属製固体ロケットモータケースの例を図 8.8 に示す．金属製ケースは，頑丈でかなり乱暴な取り扱いに耐えるため，軍用ミサイルに多用されている．複合材に比べ高温 (700〜1000°C) に耐えるため，断熱剤が少なく，同じ外径では推進剤をより多く充てんできる．

非常に長いモータでは，グレインとケースを分割して製造し，発射場で機械的に接続し，分割部はシールされる．分割部のシールは意外に難しく，スペースシャトルのブースタで，この接続部からホットガスが漏れ大事故につながっ

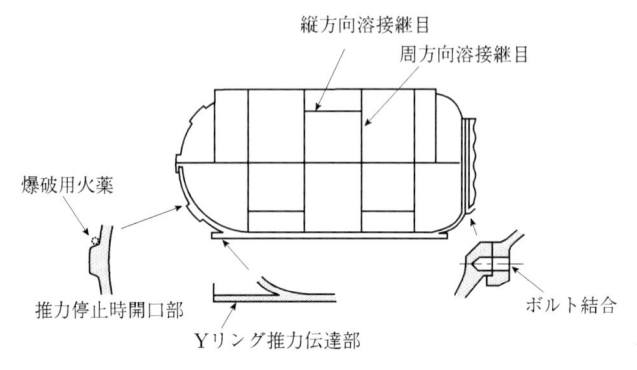

図 8.8 鋼板製ロケットモータケースの例

たことは，記憶に新しい．スペースシャトルのオリジナルなシール方法と，改良後のシール方法を，図 8.9 に示す．改造前は，モータ内圧により，モータケースの中央部が膨らみフランジが離れ，2 番目のシール (バックアップシール) も機能しなかったものである．改造後は，フランジが離れないように，フランジの保持ラッチをつけ，ここに第 3 番目のシールを追加している．

モータケース材料としては，12～18 % のニッケルを含む合金鋼であるマレージング鋼がポピュラーである．マレージング鋼は Ni の含有量によってことなるが 2000 MPa 以上の強度をもち，焼鈍されたときの機械加工が容易で，溶接性も良好である．

最近のモータケースは，複合材でつくられることが多い．複合材は繊維をあるパターンで巻上げ (フィラメント・ワインデング)，それをプラスチック (通常はエポキシ樹脂) でかためてつくる．複合材繊維は，ガラス，ケブラーおよびカーボンなどがあるが，この順で強度も高くなっている．繊維の引張り強度は非常に高く，2400～6000 MPa にも達するため，複合材でつくられるモータケースは非常に軽量である．

8.5 ノズルの構造

ノズルスロートは高温ガスにさらされ，高い熱伝達と侵食 (エロージョン) に耐えなければならない．最近の典型的なノズル構造の例を図 8.10 に示す．ノズ

8.5 ノズルの構造

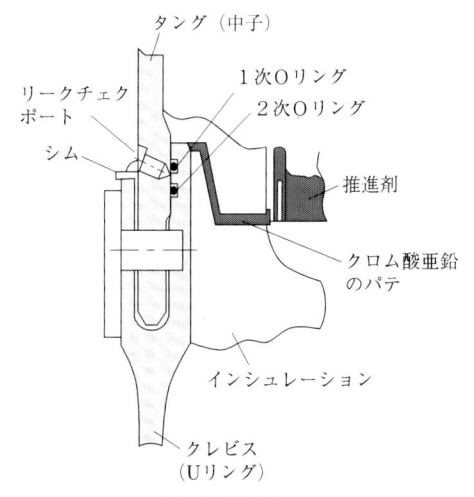

(a) 改良前の結合部

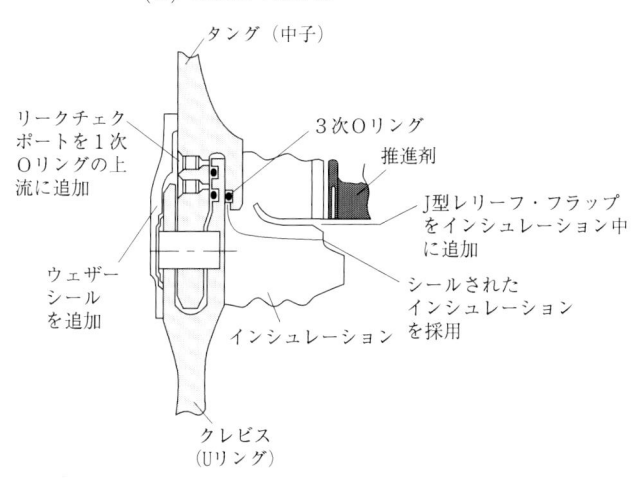

タング（中子）
1次Oリング
2次Oリング
リークチェクポート
シム
推進剤
クロム酸亜鉛のパテ
インシュレーション
クレビス（Uリング）

(b) 改良後の結合部

タング（中子）
リークチェクポートを1次Oリングの上流に追加
3次Oリング
推進剤
J型レリーフ・フラップをインシュレーション中に追加
ウェザーシールを追加
シールされたインシュレーションを採用
インシュレーション
クレビス（Uリング）

図 8.9 スペースシャトルブースターの改良型フランジ[4]

ルスロート・インサートは三次元カーボン・カーボン材 (3D–C/C) により製作されている．ノズルスロート・インサートの上流側とスロート支持部も，高い熱侵入を受けるため，カーボン繊維強化プラスチック (CFRP) でつくられている．ノズル出口スカート部も同様に CFRP 製である．

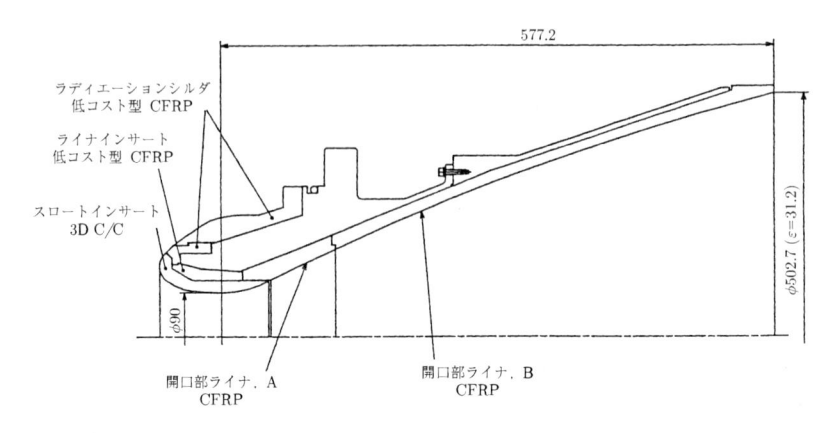

図 **8.10** 複合材製ノズル構造[5]

　固体ロケットモータのスロートは，冷却方式でいえば，ヒートシンクに相当する．燃焼中スロート材に熱が吸収され，ここでの温度は平衡に達することなく上昇し続ける．温度上昇の程度は，スロート表面の壁温と，そこにおける対流熱伝達係数をもとに数値解析により求められる．計算の詳細を述べる余裕はないが，スロート部周辺温度は燃焼終了後，2000°C 程度になるので，材料には相当な耐熱性が要求される．

　ノズル形状は，単純な 15°ハーフアングルの円すい型である．液体ロケットで用いられるベル型形状は，ガスと固体粒子の混合流れのなかでは，その利点の大部分が失われるためである．

8.6　ノズル・ジンバリング機構

　固体ロケットの推力方向を偏向して，機体のピッチおよび横方向のコントロールを行うにはいくつかの方法がある．ノズルの高速流中にサイドから別の流体を噴出すサイドインジェクション方式は，小さなモーメントを発生させるには簡便な方法であるが，大きなモーメントを発生させるには，流体の量が過大となってしまうという欠点がある．ノズル全体を動かすジンバリング方式が，効率もよく，固体ロケットモータでは多用されている．この方法は，推力を犠牲にすることもなく，また機構もほかの種類のものより重量の点ですぐれてい

る．ジンバリングする可動ノズルの最新の例を図 8.11 に示す．荷重を受ける軸受けにドーナッツ状のフレキシブルジョイントを用いている．この軸受け部が高温にならないように各種のインシュレータが使われている．

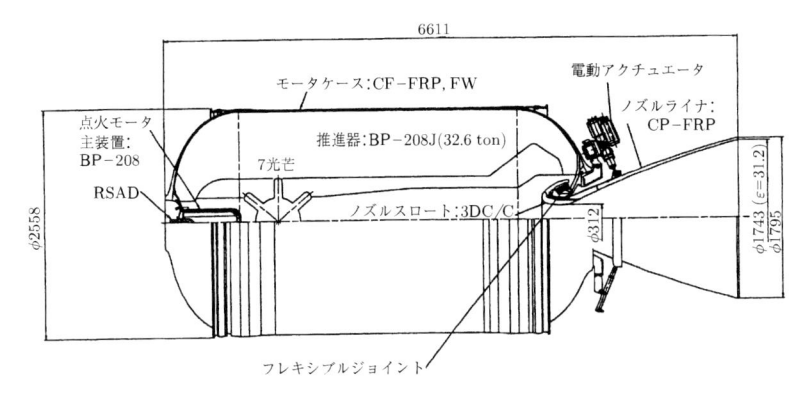

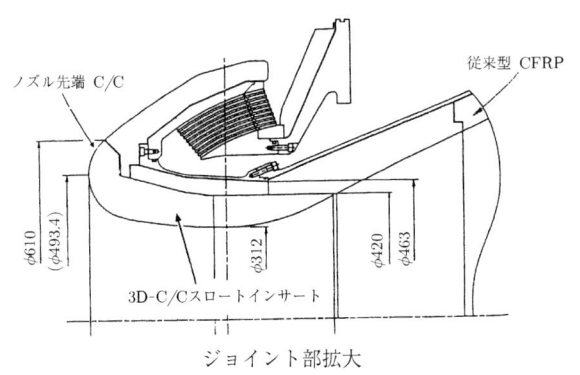

図 8.11 可動ノズル機構[5]

例題 8.1

海面上推力：8825.0 N

燃焼時間：　10.0 秒

燃焼圧：　　6.5 MPa

作動時温度：21°C

推進剤：　　硝酸アンモニウム＋炭化水素

以上のような海面上で作動する固体ロケットモータの比推力 I_{sp}, スロートお

よびノズル出口面積，ガス質量流量，推進剤質量，トータルインパルス，燃焼面積および全備質量を求めよ．ただし，燃焼ガスの $k = 1.26$, $T_1 = 1810$ K，この燃焼圧における燃焼速度 $r = 2.66$ mm/s, $c^* = 1260$ m/s, 密度 $\rho_b = 1.58$ g/cm^3, 分子量 22, 一般ガス定数 $R = 8314.3$ J/kgK とし，ノズルは理想ノズルとする．

解 式 (4.51) で理想ノズルの仮定より，圧力項が消えて $C_F = 1.559$, 式 (4.34) に圧力比 0.1013/6.5 を入れてノズル出口のマッハ数を求めると，$M_2 = 3.234$, このマッハ数を式 (4.42) に入れてノズル面積比 ε を求めると $\varepsilon = 7.586$ となる．したがって比推力 I_{sp} は式 (4.53) より,

$$I_{sp} = \frac{c^* C_F}{g_0} = \frac{1260 \times 1.559}{9.80} = 200.2 \text{ s}$$

スロート面積 A_t は式 (4.50) より,

$$A_t = \frac{F}{C_F p_1} = \frac{8825.0}{1.559 \times 6.5 \times 10^6} = 8.70 \text{ cm}^2$$

ノズル出口面積は面積比 ε より,

$$A_e = 8.70 \times 7.586 = 65.99 \text{ cm}^2$$

質量流量 $\dot{m}$ は,

$$\dot{m} = \frac{F}{g_0 I_{sp}} = \frac{8825.0}{9.80 \times 200.4} = 4.493 \text{ kg/s}$$

有効推進剤量は，燃焼時間 10 秒を掛けて 44.93 kg となる．燃え残りと推力立ち上がり時にカウントされない分を 4% 見込んで，全推進剤量は $44.93 \times 1.04 = 46.72$ kg となる．トータルインパルスは式 (8.11) より,

$$I_t = \overline{F} \times t_b = 88250 \text{ Ns}$$

推進剤燃焼面積 A_b は，式 (8.6) から,

$$A_b = \frac{A_t p_1 \sqrt{k \left[\frac{2}{k+1}\right]^{\frac{k+1}{k-1}}}}{\rho_b r \sqrt{RT_1}}$$

$$= \frac{8.70 \times 10^{-4} \times 6.5 \times 10^6}{1.58 \times 10^3 \times 2.66 \times 10^{-3}} \sqrt{\frac{1.26 \left(\frac{2}{2.26}\right)^{\frac{2.26}{0.26}}}{\frac{8314.3}{22} \times 1810}}$$

$$= 1.074 \text{ m}^2$$

面積比 K は，同じく式 (8.6) から,

$$K = \frac{A_b}{A_t} = \frac{1.074}{8.70 \times 10^{-4}} = 1234.4$$

ロケットモータの全備質量 m_G は, I_p を 130 秒と仮定して (妥当と思われる仮定である) 式 (8.13) より,

$$m_G = \frac{I_t}{I_p} = \frac{88250}{130} = 678.8 \text{ N} = 69.26 \text{ kg}$$

推進剤は 46.72 kg と見込んでいるから,ハードウェアの質量は,69.26 − 46.72 = 22.54 kg となる.

参 考 文 献

[1] 航空宇宙工学便覧,初版,p642,図 10.22,丸善 1974
[2] G.P.Sutton: Rocket Propulsion Elements, Sixth Ed., p374, Fig11-5, Jhon Wiley & Sons, Inc., 1992
[3] 斎藤利生:宇宙工学概論,p87,図 4.12,地人書館 1985
[4] Report of the Presidential Commission on the Space Shuttle Challenger Accident, 1986, US Government
[5] 高野雅弘他:M–25 モータノズル設計に係わる技術課題,宇宙輸送シンポジウム,平成 12 年度報告,p.11,図 4,p.9,図 1 宇宙科学研究所,2001 年

⑨ 固 体 推 進 剤

　固体ロケット推進剤について，その具備すべき特性や構成，性能，機械的特性等について述べる．

9.1 固体推進剤が備えるべき特性

　第5章で述べたロケット推進薬が備えるべき一般条件は，固体推進剤にも適用される．さらにそれらのほかに，固体推進剤として望ましい特性として，次のような項目をあげることができる．

 (1) 機械的特性
  ① 高い機械的強度と弾性をもっていること．
  ② 熱膨張係数が低く，低温脆化点が低く，高温軟化点が高いこと．
 (2) 燃焼特性
  ① 点火が容易なこと．
  ② 燃焼圧力限界のうち低圧限界は大気圧以上，高圧限界はなるべく高いこと．
  ③ 燃焼速度の圧力指数 n が小さいこと．
  ④ 燃焼初期の圧力上昇および燃焼終了時の圧力減衰がともにはやいこと．
 (3) 製造時の特性
  ① 混和が容易なこと．
  ② 鋳造，押出等の全工程において適当な粘性であること．
  ③ キュアー間の収縮はなるべく小さいこと．
 (4) グレイン特性
  ① 貯蔵しているとき，あるいは組立後，ほかの材料と反応を起こさな

いこと.
② 燃焼制限剤の適用が容易であること.

9.2 固体推進剤の構成

固体推進剤は，均質型 (homogeneous type) のものと不均質型 (heterogeneous type) のものに大別される．

均質型とは，ニトロセルロース (固体) のように，その分子のなかに酸化剤成分と燃料成分を含んでいて，それ自体で自燃性のものなどがその例である．この場合，ニトロセルロースのみで推進剤となりえるので，シングルベース推進剤とよばれる．また，ニトロセルロースとニトログリセリン (液体) を混合したものは，ダブルベース推進剤とよばれる．ニトログリセリンもその分子内に酸化剤成分と燃料成分を含んでいて，ダブルベース推進剤は，両者を混ぜてコロイド状の均質剤として使用するものである．

不均質型とは，過塩素酸アンモニウム (AP) のような酸化剤粒子と燃料，場合によっては，アルミニウムのような金属燃料粒子などを機械的に混合したもので，コンポジット推進剤とよばれる．

なお，ダブルベース推進剤では，ニトログリセリンに対し混合の主成分であるニトロセルロースを，コンポジット推進剤では，主酸化剤に対して混合の主燃料成分を結合剤 (バインダー) とよぶことがある．一般に，推進剤の性能の点では，不均質型のほうが高性能である．なお，ダブルベース推進剤の性能を改善するため，これにAP，アルミニウムを加えたものをコンポジット化ダブルベース推進剤とよび，実用化されている．

表 9.1 に，固体推進剤の構成物質を用途別に示す．表中のニトロセルロース (NC)，ニトログリセリン (NG)，過塩素酸アンモニウム (AP)，硝酸アンモニウム (AN)，過塩素酸カリウム (KP)，過塩素酸ニトロニウム (NP) などはそのままで自燃性であるが，コンポジット推進剤の燃料 (バインダー) や金属燃料は，単体では燃焼しない．

表中で可塑剤は，通常，かなり粘度の低い液体で，低温度での推進剤の伸びをよくし，また鋳型に注入する際の粘度を低く保ったりと，製造上の改善のた

表 9.1 固体推進剤の構成物質[1]

ダブルベース推進剤	コンポジット推進剤
・可塑剤(燃料と酸化剤兼用) NG：ニトログリセリン TMETN：トリメチロールエタントリナイトレート TEGDN：トリエチレングリコールジナイトレート DEGDN：ジエチレングリコールジナイトレート ・可塑剤(燃料) DEP：ジエチルフタレート TA：トリアセチン PU：ポリウレタン ・バインダ(燃料と酸化剤兼用) NC：ニトロセルロース ・高エネルギー添加剤 RDX：シクロトリメチレントリニトラミン HMX：シクロテトラメチレンテトラニトラミン ・安定化添加物 EC：エチルセントラリット DNDPA：2-ニトロジフェニルアミン ・不透明化添加物 C：カーボンブラック ・燃焼速度触媒 PbSa：サリチル酸鉛 CuSa：サリチル酸銅 他 ・消炎用添加物 K_2SO_4：硫酸カリウム 他	・酸化剤 AP：過塩素酸アンモニウム AN：硝酸アンモニウム KP：過塩素酸カリウム NP：過塩素酸ニトロニウム RDX：シクロトリメチレントリニトラミン HMX：シクロテトラメチレンテトラニトラミン ・バインダ(燃料を兼ねる) PS：ポリサルファイド PVC：ポリ塩化ビニル PU：ポリウレタン PBAN：ポリブタジエンアクリロナイトリルアクリリックアシッド PBAA：ポリブタジエンアクリリックアシッド CTPB：末端カルボキシル基ポリブタジエン HTPB：末端水酸基ポリブタジエン ・金属燃料(高周波燃焼不安定抑制兼用) Al：アルミニウム Be：ベリリウム Mg：マグネシウム B：ホウ素(ボロン) ・硬化，架橋用添加物 TDI：トルエンジイソシアネート PQD：パラキノンジオウキシム 他 ・結合用添加物 MAPO：1, 2-トリス(2-メチルアデジリニル)フォスフィンオキサイド 他 ・可塑剤 DOA：ジオクチルアジペート 他 ・燃焼速度触媒 Fe_2O_3：酸化第二鉄 他

めに用いられる．燃焼速度触媒は，燃焼する表面での反応を加速または減速する薬剤で，燃焼速度を増大または減少させる．また，不透明化添加物は，透明な推進剤では燃焼している面の奥に放射で熱が伝わるため，このことを避ける

ために，推進剤を不透明にする目的で使用される．

9.3 ダブルベース推進剤

ダブルベース推進剤は，上述したように均質な推進剤であり，ニトログリセリン (NG) とニトロセルロース (NC) とを主成分とした，膠質の固溶体である．ニトログリセリン $[C_3H_5(ONO_2)_3]$ とニトロセルロース $[C_{12}H_{14}(ONO_2)_6O_4]$ は，いずれもそれ自体で酸素を含んでいるため，単独で燃焼することができる．ニトログリセリンは液状で，衝撃に対して敏感であり爆発性をもっているが，ニトロセルロースは固体で，比較的安定である．

ニトロセルロースは燃料成分が過剰であり，ニトログリセリンは酸素が過剰状態にあることから，ダブルベース推進剤の燃焼性能は，これら両成分の混合比に依存する．図 9.1 に NG 含有量を横軸にとって，膨張比 70 の場合の性能を示しているが，I_{sp}，燃焼ガス温度 T_f ともにニトログリセリン 80%，ニトロセルロース 20% において最大となっている．この点はほぼ化学量論比になっている．しかし，液状であるニトログリセリンの添加は，60% が限界であり，この点がダブルベース推進剤の性能限界となっている．

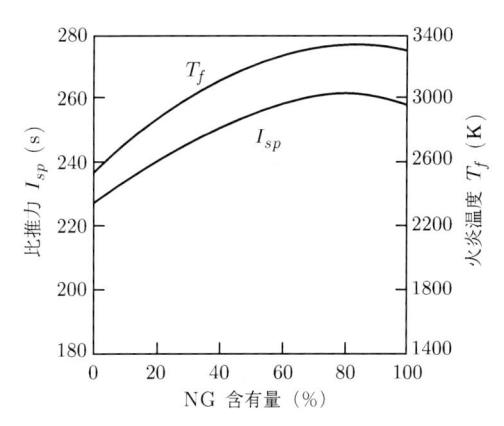

図 9.1 ダブルベース推進薬における I_{sp}, T_f と NG 含有量の関係 (燃焼室圧力 6.8 MPa から 0.1 MPa へ膨張)[1]

ダブルベース推進剤には，表に記述したように，化学的安定性を得るため，あるいは機械的特性を改善するために，安定化添加物や可塑剤が加えられてお

り，燃焼速度を制御するための触媒や，放射による内部着火を防ぐためのカーボンブラックなどが添加されている．

9.4 コンポジット推進剤

コンポジット推進剤は，固体の酸化剤粉末と高分子樹脂を，燃料兼バインダとして機械的に混合し，硬化させたものである．酸化剤としては，表に記述したように，過塩素酸アンモニウム (AP) のような過塩素酸塩や，硝酸アンモニウム (AN) のような硝酸塩があるが，現在では性能のよい AP が多く用いられている．AN を酸化剤とするものは，燃焼速度が小さくガス発生器や離陸補助ロケット (JATO) などに用いられている．

燃料として用いられる高分子材料には，ポリ塩化ビニール (PVC)，ポリウレタン (PU)，末端水酸基ポリブタジエン (HTPB) などがある．これらの燃料は，燃焼特性のみでなく，機械的特性あるいは製造時の難易さなどによって選択される．

図 9.2 に，典型的なコンポジット推進剤 AP-HTPB について，AP の含有量に対する性能を示す．ほぼ化学量論比になっている AP が 88 % 付近で，I_{sp}, T_f

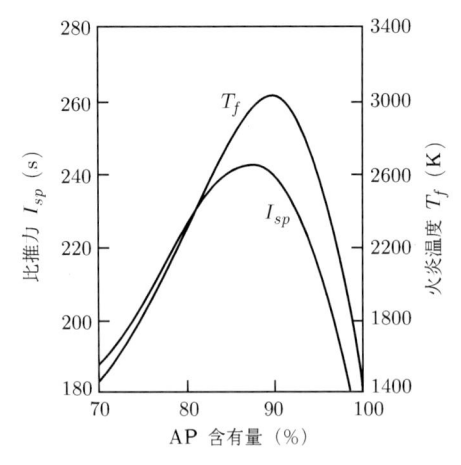

図 9.2 AP-HTBP 系コンポジット推進薬における I_{sp}, T_f と AP 含有量の関係 (燃焼室圧力 6.8 MPa から 0.1 MPa へ膨張)[1]

ともに最大になっている．APの量を増大しようとしても，同一の粒度では機械的に限度があるため，粒度を粗粒 (400〜600 μm)，中間粒 (50〜200 μm)，細粒 (5〜15 μm) と適当に組み合わせて混合している．

　性能を増大させるため，および燃焼不安定防止のため，燃料として金属粉末を混入することがある．現在金属粉末として使用されているのはアルミニウム粉末である．混入されているAlの量は20％程度までで，その粒子の大きさは5 μm程度であり，混合の程度により20秒ほどの性能向上が望める．気相中のAl粒子，酸化Al粒子は，音響振動を抑制する多大な効果を発揮するが，一方，ノズルの侵食，外部に出た後の電波障害など，好ましくない影響もある．

9.5　固体推進剤の組成と性能

　代表的な固体推進剤の組成と理論性能を，表9.2に示す．ダブルベースの推進剤は，製造法により圧伸式と注型式 (鋳造) に大別される．圧押式は，加熱圧送するため，大口径のロケットには適さないが，小口径で大量につくるロケットには適しており，第二次世界大戦前より実用化されている．注型式は，コンポジット推進剤と同様なスラリー状の推進剤素材を，種々の型に鋳込む方式である．

　理論比推力は，カッコに記した圧力から，0.1 MPa (1気圧) まで膨張するとして計算されたものである．ダブルベース推進剤は無煙性のため，軍用に使われることが多いが，性能はコンポジット推進剤に比べて少し低い．

9.6　機械的特性

　固体推進剤の機械的性質は，きわめて重要である．製造時の硬化冷却過程における収縮，貯蔵中および取り扱い中にかかる荷重，温度変化により受ける熱ひずみ，着火および燃焼中に受ける応力およびひずみなど，これらの過酷な環境より受ける荷重に対してクラックなど生じないよう耐えなければならない．たとえば，対空ミサイルのような場合には，運用中に常温から低温まで数百回の温度サイクルを受ける．

9. 固体推進剤

表 9.2 代表的固体推進剤と諸特性 [2]

	ダブルベース推進剤		コンポジット推進剤		
	圧伸式	注型式	CTPB系	HTPB系	ニトラミン含有 HTPB系
組成 [wt%]	NC 51 NG 39 その他 10 (可塑剤, 安定剤, 燃焼触媒)	NC 35 NG 55 その他 10 (可塑剤, 安定剤, 燃焼触媒)	CTBP 16 Al 16 AP 68	HTBP 14 Al 18 AP 68	HTBP 12 Al 18 AP 62 HMX 8
理論比推力 (s)	234 (8 MPa)	239 (8 MPa)	253 (5 MPa)	256 (5 MPa)	251 (4 MPa)
理論燃焼温度 (K)	2681 (8 MPa)	2727 (8 MPa)	3178 (5 MPa)	3408 (5 MPa)	3471 (4 MPa)
特性速度 (m/s)	1437	1465	1567	1583	1592
燃焼速度 (mm/s)	17.5	15.5 (8 MPa)	5.6 (5 MPa)	5.9 (5 MPa)	5.9 (4 MPa)
圧力指数	0	0.25	0.22	0.26	0.27
温度感度 (%/°C)	0.1	0.2	0.2	0.19	0.12
密度 (g/cm^3)	1.62	1.60	1.72	1.77	1.80
物性	可	可	良	良	良
老化性	良	良	良	優	優
安全性	可	可	良	良	良
発煙性	無	無	有	有	有

NC (Nitrocellulose)
NG (Nitroglycerine)
CTPB (Carboxyl-terminated Polybutadiene)
HTPB (Hydroxyl-terminated Polybutadiene)
Al (Aluminum)
AP (Ammonium Perchlorate)
HMX (High Melting Exoplosive, Cyclotetramethylene Tetranitramine)

また，固体推進剤の機械的強度は金属材料の強度よりかなり低く，また時間と温度による機械的性質の変化は金属材料より大きいため，燃焼室および推進剤の設計にあたっては注意が必要である．金属と推進剤の熱膨張係数の差は(5倍程度になることがある)，推進剤が吸収しなければならないひずみ量を大きくする．

図 9.3 にコンポジット推進剤の単純な一方向引張り試験の例を示す．ひずみの小さい間は，応力とひずみは直線関係にあるが，はがれひずみ点 ε_d において直線より外れてくる．はがれひずみ点では，固体酸化剤粒子とバインダーの間の境界面で最初にはがれが発生することになる．

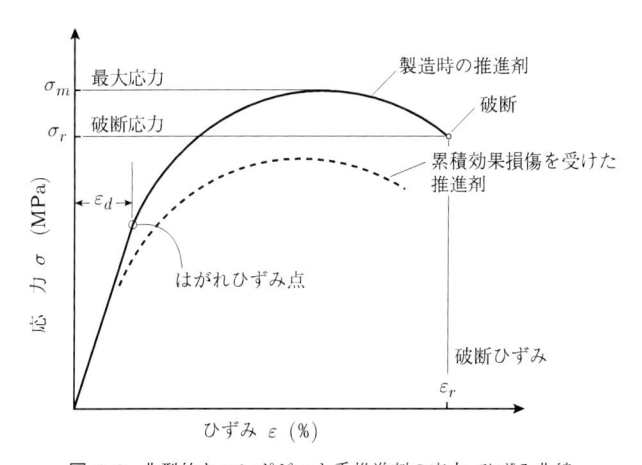

図 9.3 典型的なコンポジット系推進剤の応力-ひずみ曲線

一般に，固体推進剤グレインは粘弾性体の特性をもっている．すなわち，グレインはゴム状の物質で，応力あるいはひずみに対して時間依存性のある複雑な挙動を示すことになる．粘弾性体に一定の応力を掛け続けると，ひずみが時間とともに増大するクリープ現象や，あるいは一定のひずみを掛け続けると，応力が減少する応力緩和現象が起こるが，同様の現象は固体推進剤でも起こりえる．このような現象が起こる原因は，固体粒子とバインダー間のはがれ，または，すべりによるものである．推進剤がある臨界値以上のひずみを受け，その状態で長時間放置されると，ある時間で破壊する．グレインが燃焼室で長期にわたってひずみを受ける場合には，そのひずみは臨界値以下でなければなら

110   9. 固体推進剤

ない．

　貯蔵中あるいは取り扱い中に加えられる力と振動，温度サイクル，時間が経つに従って進行する化学変化などによって特性の劣化が起こり，グレインが損傷する．このような損傷を，累積効果損傷とよぶが，このような劣化を受けたグレインの最大応力は，図に示すように製造直後のものに比べ低くなる．

9.7　固体推進剤の製造法

　ダブルベース推進剤の製法は，溶剤を使用する方法と，使用しない無溶剤法がある．溶剤法では，製造の最終段階でグレインを乾燥して溶剤を除くが，その気化の際，グレインのクラックなどが生ずる可能性があるため，比較的断面積が小さいグレインに限られている．無溶剤押出し法の一般的な方法を，図9.4(a) に示す．この方法では，混和は加熱または機械的方法により行う．できたグレインは内部応力を除くため，加熱 (キュア) される．

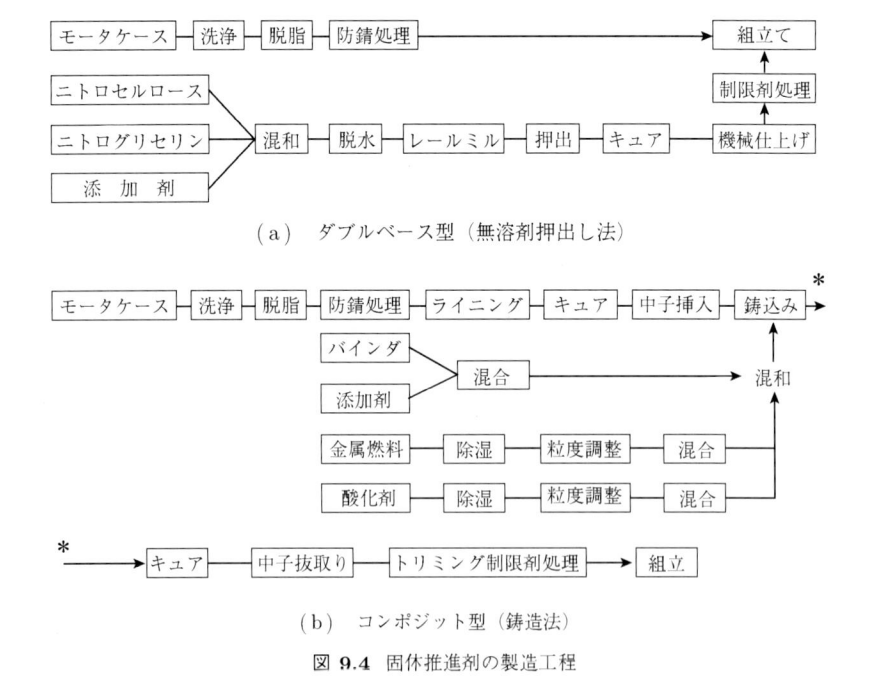

(a) ダブルベース型（無溶剤押出し法）

(b) コンポジット型（鋳造法）

図 9.4　固体推進剤の製造工程

コンポジット推進剤では，酸化剤および金属燃料粉末の大きさが燃焼特性に影響するため，混和前に粒度を揃えるべく研磨が行われる．図9.4(b)に，コンポジット推進剤の鋳込みによる製造方法を示す．燃料によっては混和に必要な流動性を与えるために加熱が必要なものもあるが，多くの燃料は化学変化によってみずから発熱してグレインを形成する．混和や鋳込み作業の際に気泡が混入するのを防ぐため，また発生したガスを取り除くため，真空環境で作業することが常に必要である．

参 考 文 献

[1] 木村逸郎：ロケット工学 p469-471，表10.2，図10.7，図10.8，養賢堂 1993
[2] 航空宇宙工学便覧 第2版，p929，表c3.7，丸善 1992

10 飛 行 性 能

　この章では，ロケットの飛行性能について述べる．ロケットが飛ぶ大気圏内および空気のない宇宙空間での運動について記述するが，人工衛星の軌道や惑星間航行についてまでは触れない．そちらに興味のある読者は宇宙航行に関する参考書を参照していただきたい．とくに地表から地球低軌道にいく計算について詳しく述べるので，実際の計算は卒業研究などで取り組んでいただきたい．

10.1　重力および空気抵抗のない場合の基礎式

　大気がなく，重力の影響も無視できる宇宙空間でのロケットの運動をまず考えてみる．この運動は，あらゆるロケットの運動の基本というべきものである．ロケットの飛行方向と推力軸の方向が一致している，一次元の直線上の加速度運動について考える．ロケットの質量を m，ロケットの速度を v とすると，ロケットにはたらく力 F は，ニュートンの第2法則から，

$$F = \frac{mdv}{dt} \tag{10.1}$$

となる．ここで，推進薬質量流量が一定のロケットでは (たいていのロケットはコンスタント・スラストであり，この仮定は一般性がある)，機体の初期質量 m_0，搭載した推進薬質量 m_p，燃焼時間 t_p とすると，任意の時刻 t におけるロケット機体の質量 m は，

$$m = m_0 - \dot{m}t = m_0 - \frac{m_p}{t_p}t = m_0\left(1 - \frac{m_p}{m_0}\frac{t}{t_p}\right) \tag{10.2}$$

と表される．ここで，第3章で導入したプロペラント・マス・フラクション (推進剤搭載率) ζ および質量比 MR を用いて上式を変形すると，

$$m = m_0\left(1 - \zeta\frac{t}{t_p}\right) = m_0\left[1 - (1-\mathrm{MR})\frac{t}{t_p}\right] \tag{10.3}$$

となる．プロペラント・マス・フラクション ζ と質量比の間には式 (3.15) で述べたように,

$$\zeta = 1 - \mathrm{MR} \tag{10.4}$$

の関係があることを思い出していただきたい．ここで，質量比の定義,

$$\mathrm{MR} = \frac{m_f}{m_0} \tag{10.5}$$

で用いられる m_f の中味について触れておく．m_f はエンジンカットオフ時の質量であるから，推進薬以外のロケットのすべてのもの，すなわち機体，エンジン，誘導電子機器，ペイロード (衛星) などの質量が含まれる．もし，未使用の推進薬があれば，その質量も当然含まれることになる．

さて，ここで，式 (10.1) を変形して v, t を変数分離の形に表すと,

$$dv = \left(\frac{F}{m}\right) dt = \left(\frac{c\dot{m}}{m}\right) dt$$

となる．ここで，c は第 3 章で定義した有効排気速度である．上式を変形して,

$$dv = \frac{(c\dot{m})dt}{m_0 - \dfrac{m_p t}{t_p}} = \frac{c\left(\dfrac{m_p}{t_p}\right)dt}{m_0\left(1 - \dfrac{m_p t}{m_0 t_p}\right)} = \frac{\dfrac{c\zeta}{t_p}dt}{1 - \zeta \dfrac{t}{t_p}} \tag{10.6}$$

とする．この式は容易に積分できる．ロケットの初速を v_0 とし，c を一定として時刻 0 から燃焼終了の t_p まで積分して，燃焼終了時の最終速度 v_f を求めると,

$$v_f = -c\ln(1-\zeta) + v_0 = c\ln\left(\frac{m_0}{m_f}\right) + v_0 = c\ln\left(\frac{1}{\mathrm{MR}}\right) + v_0 \tag{10.7}$$

となる．初速 v_0 が 0 の場合には，上式はさらに簡略化されて,

$$v_f = c\ln\left(\frac{1}{\mathrm{MR}}\right) \tag{10.8}$$

となる．有効排気速度 c を，式 (3.9) を用いて比推力 I_{sp} で書き換えると,

$$v_f = g_0 I_{sp} \ln\left(\frac{1}{\mathrm{MR}}\right) \tag{10.9}$$

となる．この式が，無重力，空気抵抗なしの場合のロケットの最終速度を与える式である．最終速度がわずか二つのシンプルなパラメータ I_{sp}, MR で表さ

れることに注目していただきたい.

比推力 I_{sp} は,エンジン性能を表すパラメータであり,ロケットエンジン開発者がエンジン性能にこだわる理由がここにある.すなわち,I_{sp} は 1 秒でも大きければ,それは直接最終速度 v_f に効いてくる.

質量比 MR の影響は,もっと衝撃的である.対数となっている関係で質量比が 0.1 より小さくなると v_f に対する影響は,目がくらむほどである.たとえば,ロケット全体の質量の 80 %まで推進薬を搭載したロケット (すなわち,推進薬搭載率 $\zeta = 0.80$,質量比 MR = 0.2) に対し,90 % まで搭載したロケット ($\zeta = 0.9$,MR = 0.1) の最終速度は 1.43 倍に増大する.さらに 95 % まで搭載すると ($\zeta = 0.95$,MR = 0.05) 1.86 倍にもなってしまう (ロケット構造の軽量化の重要性を認識してほしい).実際に,単段ロケットで,推進薬搭載率 95 % の液体ロケットをつくるのは無理で,90 % でもかなり困難である.ロケット工学者の努力の大半は,この軽量化に注がれているといっても過言ではない.

10.2 重力および空気抵抗の影響

宇宙空間を飛行するロケットには,近傍の天体からの引力が作用する.その大きさはニュートンの万有引力の法則により,その天体までの距離の 2 乗に反比例する.地球近傍を飛ぶロケットには,地球,月,太陽および地球以外の惑星からの引力が作用するが,地球以外の天体への距離が大きいため,実際には地球からの引力のみ考慮すれば十分である.地球の中心から距離 R にいるロケットが地球に引張られる引力の大きさを F とすると,

$$F = \frac{GMm}{R^2} \tag{10.10}$$

である.ここで,G は万有引力定数,M は地球の質量,m はロケットの質量である.われわれが感じている重力加速度 g による重力 mg の正体は,この引力である.すなわち,

$$mg = \frac{GMm}{R^2}$$

これより,

$$g = \frac{GM}{R^2} \tag{10.11}$$

となる．$G = 6.672 \times 10^{-20}$ km^3/kgs^2，$M = 5.974 \times 10^{24}$ kg，地球の赤道における半径 $R_0 = 6378.14$ km を用いて，とくに地表における重力加速度 g_0 を求めると，$g_0 = 9.80$ m/s^2 となる．

g_0 を用いて任意の距離 R における重力加速度 g を求めると，

$$g = g_0 \left(\frac{R_0}{R}\right)^2 \tag{10.12}$$

である．距離 R を地表からの高度 h で表現すると，

$$g = g_0 \left(\frac{R_0}{R_0 + h}\right)^2 \tag{10.13}$$

となる．ロケットは，高度によって変化する g による重力を受けつつ飛行することになる．

空気中を飛行するロケットは，上記の重力のほかに，空気力を受ける．この空気力を2方向に分け，進行方向に垂直な力を揚力 L，平行な力を抗力 D とよぶ．揚力 L および抗力 D の大きさは，揚力係数 C_l，抗力係数 C_d を使って，次のように整理される．

$$L = C_l \frac{1}{2} \rho v^2 A \tag{10.14}$$

$$D = C_d \frac{1}{2} \rho v^2 A \tag{10.15}$$

ここで，ρ は空気密度，v は飛行速度であり，面積 A は航空機の場合は主翼面積にとられるが，ロケットの場合には機軸に垂直な最大断面積にとられる．C_l および C_d は，機体形状，飛行マッハ数および迎え角 α により変化するため，通常，風洞実験により求められる．抗力係数の風洞試験の一例を図 10.1 に示

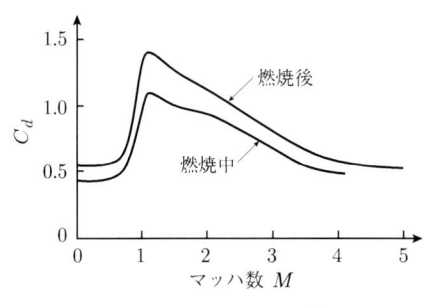

図 10.1 空気抵抗係数[1]

す.この例は,通常の固体ロケットの形状を模した模型により求めたもので,噴射ガスがある場合とない場合が示されている.図から明らかなように,抵抗はマッハ数1前後の遷音速域で高くなる.ロケットの場合の迎え角 α は,航空機のように大きくとることはなく,横風さえなければ,ほぼ0である.迎え角がある場合や補助ブースタが付いている場合は,当然 C_d は増大する.

10.3　運動の基礎式

ロケットの飛行経路を地球近傍に限定すると,ほかの天体からの引力は無視できる.ガスジェットのような機体にはたらく横方向推力や,ロール運動を生じる力などを,すべて0と仮定すると,ロケットの運動は,進行方向とその垂直方向を含んだ二次元平面内の運動に簡略化できる.いま,その二次元平面内を飛行しているロケットにはたらいている力,および方向を図 10.2 に示す.

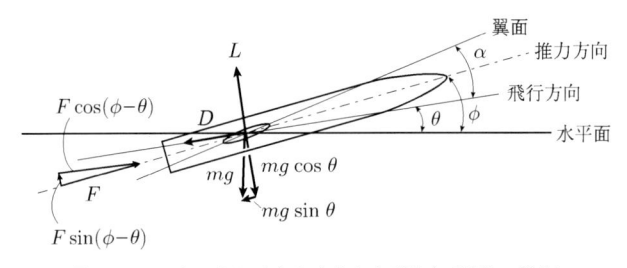

図 10.2　ロケットにはたらく力および方向 (翼付の機体)

この図において,水平面とロケットの進行方向のなす角を θ,水平面とロケットの推力方向のなす角を ϕ としている.ロケットに作用する力は揚力 L,抗力 D,推力 F および重力 mg である.ロケット進行方向にはたらく力の和が,ロケットの質量×加速度に等しいとして進行方向の運動方程式を求めると,

$$m\left(\frac{dv}{dt}\right) = F\cos(\phi-\theta) - D - mg\sin\theta \tag{10.16}$$

となる.進行方向に垂直な面での加速度は,$v(d\theta/dt)$ であるから,この面での運動方程式は,

$$mv\left(\frac{d\theta}{dt}\right) = F\sin(\phi-\theta) + L - mg\cos\theta \tag{10.17}$$

となる.上式の抗力 D,揚力 L に式 (10.14),(10.15) を代入し,変形すると,

10.3 運動の基礎式　**117**

$$\frac{dv}{dt} = \frac{F}{m}\cos(\phi-\theta) - \frac{1}{2m}C_d\rho v^2 A - g\sin\theta \tag{10.18}$$

$$v\frac{d\theta}{dt} = \frac{F}{m}\sin(\phi-\theta) - \frac{1}{2m}C_l\rho v^2 A - g\cos\theta \tag{10.19}$$

となる．本式は，角度 ϕ, θ, C_d, C_l, ρ などが時々刻々と変わるため，簡単な解析解を求めることはできない．たとえば密度 ρ は高度の関数であるが，その高度は，上式から求められた v に $dt\sin\theta$ かけて時間について積分して求められるわけであるから，結局，数値的に解くことになる．

飛行方向と推力方向が一致するとし，またロケット機体は対称形をしており，翼のような揚力を発生するものがないものとして，上式をもう少し簡略化してみたい．$\phi = \theta$ を代入し，$L = 0$ とすると，式 (10.18)，(10.19) はそれぞれ，

$$\frac{dv}{dt} = \frac{F}{m} - \frac{1}{2m}C_d\rho v^2 A - g\sin\theta \tag{10.20}$$

$$v\frac{d\theta}{dt} = -g\cos\theta \tag{10.21}$$

となる．念のため，簡略化した形状と座標系を図 10.3 に示す．

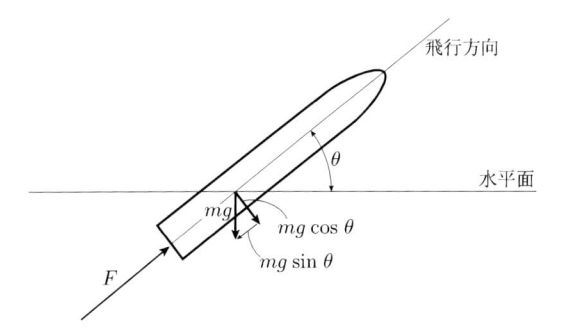

図 **10.3**　簡略化した座標系

進行方向の加速度の式 (10.20) において，第 1 項はエンジン推力，第 2 項は空気抵抗，第 3 項は重力によるものである．

10.1 節で仮定したように，エンジンからの質量流量を一定とし，t_p 秒で推進薬 m_p を消費するものとすれば，$m = m_0(1 - \zeta t/t_p)$ であるから，式 (10.20) は，

$$\frac{dv}{dt} = \frac{\dfrac{c\zeta}{t_p}}{1 - \dfrac{\zeta t}{t_p}} - \frac{\dfrac{1}{2}C_d\rho v^2 A}{m_0\left(1 - \dfrac{\zeta t}{t_p}\right)} - g\sin\theta \tag{10.22}$$

となる．本式は軌道上での到達速度を求めるうえで，きわめて重要である．この式の第 1 項は，c を一定とすれば解析的積分が可能である．第 3 項は，θ が与えられれば容易に積分できるが，第 2 項は，被積分関数 v が含まれており，簡単には積分できない．

式 (10.22) を，$t = 0$ のとき $v = v_0$，$t = t_p$ のとき $v = v_f$ として形式的に積分すれば，燃焼終了時の最終速度 v_f は，次のように与えられる．

$$v_f = -\bar{c}\ln(1-\zeta) - \frac{C_d A}{m_0}\int_0^{t_p} \frac{\dfrac{\rho v^2}{2}}{1-\dfrac{\zeta t}{t_p}}dt - \bar{g}\sin\theta \times t_p + v_0 \tag{10.23}$$

ここで，$\bar{c}$ および $\bar{g}$ は，積分期間中の平均で (両者とも高度とともに変化する)，v_0 は $t = 0$ のときにもっていたロケットの初速である．上式の第 2 項の被積分関数を B と表すと，式 (10.23) は，

$$v_f = -\bar{c}\ln(1-\zeta) - \frac{C_d AB}{m_0} - \bar{g}\sin\theta \times t_p + v_0 \tag{10.24}$$

$$B = \int_0^{t_p} \frac{\dfrac{\rho v^2}{2}}{1-\dfrac{\zeta t}{t_p}}dt \tag{10.25}$$

と積分された形式で表すことができる．この式の数値積分の方法については，10.4 節にて述べる．ここで，空気力を無視し，初速 0 でロケットが垂直に上昇すると仮定した場合には，最終速度は，

$$\begin{aligned}v_f &= -\bar{c}\ln(1-\zeta) - \bar{g}t_p \\ &= \bar{c}\ln\left(\frac{1}{\mathrm{MR}}\right) - \bar{g}t_p\end{aligned} \tag{10.26}$$

と簡単化される．第 1 項は，式 (10.8) と同一である．第 2 項は，常にマイナスであるが，燃焼時間が短い場合や，g が小さい宇宙空間の飛行では，きわめて小さい量である．

以上はロケットの経路方向の速度を求める議論であるが，経路方向に垂直な面の運動にも簡単に触れておく．経路方向に垂直な面での運動方程式は，揚力の発生がないとした式 (10.21) にさかのぼって，

$$v\frac{d\theta}{dt} = -g\cos\theta$$

である．この式において右辺は常に負であるから，水平面と進行方向のなす角 θ は漸減していく，いわゆるグラビティターンとなる．初期角 θ_0 を適当に選び，加速方法をコントロールすることにより，格別の横方向の力 (ピッチング力) を与えなくても，ロケットは上昇するに従って機首を下げていくことになる．

10.4 基礎式の積分

この節では，経路方向の基礎式 (10.22) を，数値的に積分する方法について論ずる．経路角 θ はピッチングプログラムにより，時間の関数として与えられるとして，式 (10.22) を時間 0 から t まで積分すると，

$$v(t) = -\bar{c}\ln\left(1 - \frac{\zeta t}{t_p}\right) - \frac{C_d A}{m_0}\int_0^t \frac{\frac{\rho v^2}{2}}{1 - \frac{\zeta t}{t_p}}dt - \bar{g}\int_0^t \sin\theta dt + v_0 \tag{10.27}$$

となる．

この式の数値積分をするまえに，ここで数値積分のシンプソンの公式および台形公式について触れておく．x に関するある関数 $y = f(x)$ を a_0 から a_2 まで積分するとき，シンプソンの公式は，

$$\int_{a_0}^{a_2} y\,dx = \frac{h}{3}(y_0 + 4y_1 + y_2) \tag{10.28}$$

と表される．分割幅 h，および y_0, y_1, y_2 は図 10.4 のとおりである．

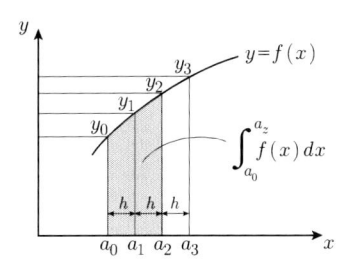

図 **10.4** シンプソンの公式

同様に，台形公式は，
$$\int_{a_0}^{a_1} y dx = \frac{h}{2}(y_0 + y_1) \tag{10.29}$$
と表される．シンプソンの公式は，a_0 と a_2 の間を二次式で近似しており，台形の公式は直線で近似していることになる．

式 (10.27) の第 2 項の被積分関数を $f(t)$ とおいて，空気抵抗による速度損失を，数値計算ソフト Excel を用いて積分する方法を示す．計算の詳細は表 10.1 を参照されたい．罫線は示していないが，各数値は Excel の行，列に対応しているので，実際の入力は Excel の表示に従うことになる．ここで，

$$f(t) = \frac{\dfrac{\rho v^2}{2}}{1 - \dfrac{\zeta t}{t_p}} \tag{10.30}$$

$$B(t) = \int_0^t \frac{\dfrac{\rho v^2}{2}}{1 - \dfrac{\zeta t}{t_p}} dt \tag{10.31}$$

$$U(t) = \frac{C_d A B(t)}{m_0} \tag{10.32}$$

である．この計算例では，密度 ρ は高度によって変えているが，C_d は簡単のため変えていない．詳細計算では C_d はマッハ数の (したがって，速度と高度の) 関数として，当然変えなければならない．

同様にして，第 3 項の重力による速度損失も計算できる．これらに第 1 項の解析関数で得られる速度 $-\bar{c}\ln(1 - \zeta t/t_p)$ および初速 v_0 を加えると，経路方向の速度は計算できたことになる．平均有効排気速度 $\bar{c}$，平均重力加速度 $\bar{g}$ を高度により変えると計算はより詳細になる．

高度および水平距離は，こうして得られた速度 v をもとに，次のように台形公式を用いて容易に計算できる．

$$\text{高度}: H(t) = \int_0^t v \sin\theta dt = \sum_i \frac{1}{2}(v_i + v_{i+1})h \sin\theta \tag{10.33}$$

$$\text{水平距離}: L(t) = \int_0^t v \cos\theta dt = \sum_i \frac{1}{2}(v_i + v_{i+1})h \cos\theta \tag{10.34}$$

ここで，h は分割時間幅である．

表 10.1 空気抵抗計算の例

t_0	t_0+h	t_0+2h	抵抗1	抵抗2	抵抗3	B (t)	U (t)
0	0.5	1	0	0	0	0	0
1	1.5	2	5.025392	20.13051	5.039881	5.03263	-0.000646643
2	2.5	3	20.41796	81.78974	20.477	25.48008	-0.003273935
3	3.5	4	46.65606	186.8944	46.79136	72.20372	-0.009277456
4	4.5	5	84.22216	337.3778	84.4671	156.5482	-0.020114882
5	5.5	6	133.6016	535.1845	133.9913	290.3445	-0.037306359
6	6.5	7	195.2812	782.2656	195.8524	485.911	-0.062434703
7	7.5	8	269.748	1080.573	270.5395	756.0543	-0.097145423
8	8.5	9	357.488	1432.053	358.5399	1114.068	-0.143146568
9	9.5	10	458.9841	1838.641	460.3387	1573.728	-0.20220837
10	10.5	11	574.7152	2302.258	576.4163	2149.293	-0.276162706
11	11.5	12	705.1543	2824.798	707.2477	2855.493	-0.366902341
12	12.5	13	850.767	3408.127	853.3002	3707.526	-0.476379978
13	13.5	14	1012.01	4054.075	1015.032	4721.045	-0.606607091
14	14.5	15	1189.328	4764.428	1192.891	5912.153	-0.759652546
15	15.5	16	1383.156	5540.924	1387.312	7297.385	-0.937641011

t_0 ： 時刻，秒

h ： 分割幅，ここでは 0.5 秒

抵抗1： $f(t_0) = \dfrac{\dfrac{\rho v^2}{2}}{1 - \dfrac{\zeta t_0}{t_p}}$，速度 v はひとつ前のステップで得られた値を使う

抵抗2： $f(t_0 + h) = \dfrac{\dfrac{\rho v^2}{2}}{1 - \dfrac{\zeta(t_0 + h)}{t_p}}$

抵抗3： $f(t_0 + 2h) = \dfrac{\dfrac{\rho v^2}{2}}{1 - \dfrac{\zeta(t_0 + 2h)}{t_p}}$

$B(t)$ ： $B(t) = \dfrac{h}{3}(f(t_0) + 4f(t_0 + h) + f(t_0 + 2h)) + B(t-1)$，ひとつ前のステップまでの値が加算される

$U(t)$ ： $U(t) = C_d A B(t)/m_0$, C_d は 1.0, A は外径 4 m の円筒断面, m_0 は 97.8×10^3 kg と仮定している

注：0 秒から 1 秒までの積分結果は 0 秒の行に記載されることに注意．

エンジン推力をリフトオフ時のままで加速していくと，上空にいって特にロケット姿勢が水平に近くなったときの加速度が過大になってしまうことがある．このようなときには，エンジン推力をしぼることが必要となる．エンジン推力は流量に比例するため，式 (10.27) では，推進薬 m_p を使い切ってしまう時間 t_p で調整することになる．すなわち，リフトオフ時には t_{p_1} 秒で燃え尽きる流量

を流すが，途中 t_1 から t_{p_2} 秒で使いきる流量に変える．時間 0 から t_1 までは，

$$v(t) = -\bar{c} \ln\left(1 - \zeta \frac{t}{t_{p_1}}\right) \\ - \frac{C_d A}{m_0} \int_0^t \frac{\rho v^2/2}{1 - \zeta t/t_{p_1}} dt - \bar{g} \int_0^t \sin\theta \, dt + v_0 \quad (10.35)$$

時間 t_1 から先は，

$$v(t) = -\bar{c} \ln\left(1 - \zeta \frac{t_1}{t_{p_1}} - \zeta \frac{t - t_1}{t_{p_2}}\right) \\ - \frac{C_d A}{m_0} \int_0^t \frac{\rho v^2/2}{1 - \zeta t_1/t_{p_1} - \zeta(t - t_1)/t_{p_2}} dt - \bar{g} \int_0^t \sin\theta \, dt + v_0 \quad (10.36)$$

として，2段階に分けて積分することになる．このように推力を可変にした例を，図 10.5 および図 10.6 に示す．この例では，時間 200 秒で推力を 1/3 にしぼっている．なお，経路角 θ は 1 秒につき 0.3° ずつ垂直から倒していく．空気抵抗の速度損失は，この例では少ないため無視している．200 秒で加速度が切り換わっている様子がわかる．

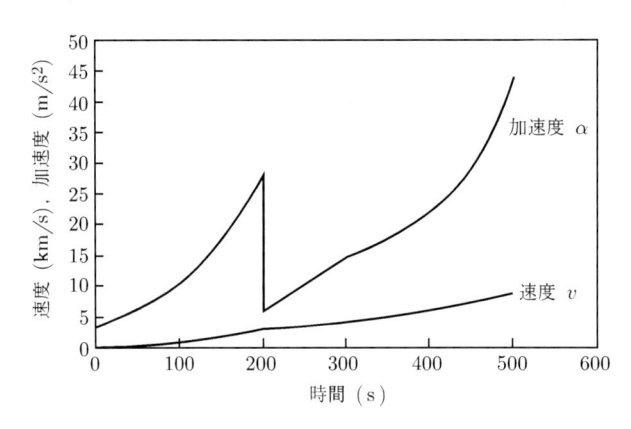

図 **10.5** 推力を可変にした計算例，速度および加速度

人工衛星打上げ用ロケットでは，濃密な大気層を通過する時間が，全飛行時間のうちできわめて限られるため，空気抵抗による速度損失は意外に少ない．簡単な計算では経験的に無視してもさしつかえないが，ブースタが付いていた

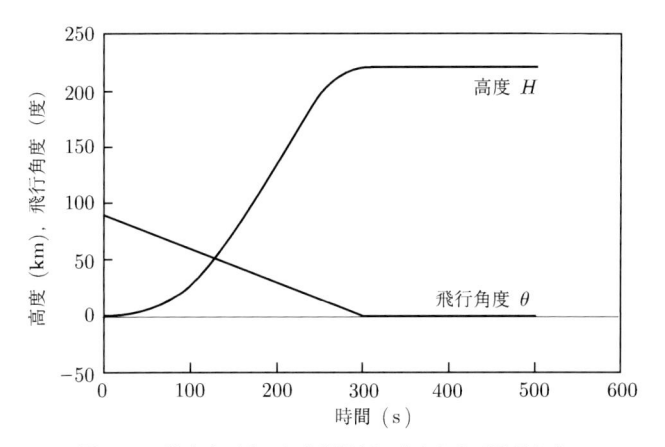

図 10.6 推力を可変にした計算例．高度および飛行角度 θ

り，ハンマーヘッドタイプのロケットの場合は，もちろん無視できないオーダとなる．

ブースタが付いている場合の速度計算も興味がある問題であるが，本書の範囲を超えるので省略することとする．卒業研究などで取り組んでいただきたい．

10.5 多段ロケット

燃焼が終了した段を順に投棄していけば，より大きな加速度が得られ，ロケットの最終速度を向上させることができる．これが多段ロケットの発想である．多段ロケットでは，燃焼が終了し，すべての推進薬を消費した段を分離し，通常，ただちに次の段のエンジンを作動させる．ロケットの最終速度は，各段で得られた速度を加えたものになる．各段で得られた速度を v_i とすると，最終速度 v_f は，

$$v_f = \sum_i^n v_i = v_1 + v_2 + v_3 + \cdots \tag{10.37}$$

となる．各段の速度は，基本的には式 (10.27) により与えられるが，空気抵抗と重力が無視できれば，式 (10.26) の第 1 項のみでよく，

$$v_f = c_1 \ln(1/\mathrm{MR}_1) + c_2 \ln(1/\mathrm{MR}_2) + c_3 \ln(1/\mathrm{MR}_3) + \cdots \tag{10.38}$$

となる．ここで，各段の燃焼終了時の質量には，その段の構造質量のみならず，その上の段の質量およびペイロード(衛星等軌道にのせたいもの)の質量も含まれることに注意していただきたい．

次に，各段の質量配分について考える．多段ロケットの質量配分を図 10.7 のようにとると，各段の質量 m_n は，推薬量 m_p と推薬以外の構造質量 m_s との和になる．

$$m_n = m_{pn} + m_{sn} \tag{10.39}$$

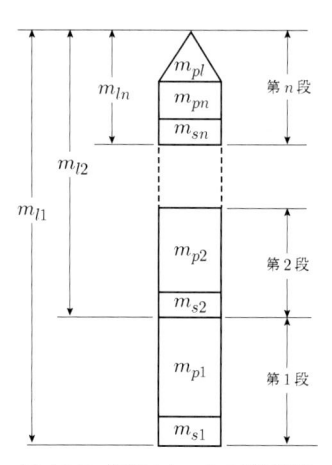

図 10.7 多段ロケットの質量配分

各段のエンジンスタート時の質量は，その段より上の段の質量と自身の質量の和となる．たとえば，打上げ時には，

$$m_{l_1} = m_{l_2} + m_{p_1} + m_{s_1} \tag{10.40}$$

となる．ここで，各段とそれより上の全質量の比(ペイロード比とよばれる)を考える．

$$\frac{m_{l_2}}{m_{l_1}} = 1 - \left(\frac{m_{p_1} + m_{s_1}}{m_{l_1}}\right) = 1 - \frac{m_{p_1} + m_{s_1}}{m_{p_1}} \frac{m_{p_1}}{m_{l_1}} = 1 - \frac{\zeta_1}{\lambda_1}$$

$$\frac{m_{l_3}}{m_{l_2}} = 1 - \left(\frac{m_{p_2} + m_{s_2}}{m_{l_2}}\right) = 1 - \frac{m_{p_2} + m_{s_2}}{m_{p_2}} \frac{m_{p_2}}{m_{l_2}} = 1 - \frac{\zeta_2}{\lambda_2}$$

$$\vdots$$

$$\frac{m_{p_l}}{m_{1n}} = 1 - \frac{\zeta_n}{\lambda_n} \tag{10.41}$$

ここで，λ はその段の推薬と段の質量との比で，構造効率とよばれる．

$$\lambda = \frac{m_p}{m_p + m_s} \tag{10.42}$$

式 (10.41) を辺々掛けあわせて，ペイロードと発射時の質量との比 (全段ペイロード比という) を求めると，

$$\begin{aligned}\frac{m_{p_l}}{m_{l_1}} &= \left(\frac{m_{l_2}}{m_{l_1}}\right)\left(\frac{m_{l_3}}{m_{l_2}}\right)\cdots\left(\frac{m_{p_l}}{m_{1n}}\right) \\ &= \left(1 - \frac{\zeta_1}{\lambda_1}\right)\left(1 - \frac{\zeta_2}{\lambda_2}\right)\cdots\left(1 - \frac{\zeta_n}{\lambda_n}\right)\end{aligned} \tag{10.43}$$

となる．この式の値は，発射時の何%が軌道にのるかを表している．世界の現用ロケットのこの比率を見ると，表 10.2 に示すように，地球低軌道の打上げ能力で 1〜3 % 程度である．ロケットという乗り物の驚くべき非効率さがわかる．ロケットは地球の重力を脱するため，宿命として，その身につけているほとんどすべてのものを捨てることでのみ成立する乗り物なのである．

一般に，誘導制御機器，計測器，搭載コンピュータなどは上段に搭載されることが多いため，構造効率は，上段のほうが下段より悪くなる．

ロケットの全段設計者は，ミッションから要求される速度に対して式 (10.43) の値を最大にするよう努力することになる．この比を最大にするために，各段の質量分配の最適化を行う作業をサイジングステージングといい，ラグランジュの未定係数法のような数学的手段もあるが，実際には，段数が増すと開発コストがかかり，系も複雑となり，信頼性も低下するため，必ずしも数学的検討結果で決められるわけではない．表 10.2 に示すように，実用的なロケットは 2〜3 段であり，その構成もきわめてバラエティに富んでいる．

10. 飛行性能

表 10.2 世界のロケットのペイロード比

ロケット	H-II	Soyuz	Atlas II AS Centaur II A	Delta 7925	Ariane 44L	Ariane 5	Titan IV
1段	Lox/LH$_2$ 110^ト VAC	LOX/ケロシン 100^ト VAC	LOX/ケロシン 30^ト SL	LOX/ケロシン 104^ト VAC	N$_2$O$_4$/UH25 70^ト SL×4	LOX/LH$_2$ 115^ト VAC	N$_2$O$_4$/A50 245^ト VAC
ブースタ	固 160^ト×2	LOX/ケロシン 100^ト VAC×4	LOX/ケロシン 180^ト SL 固体45^ト×4ケ	固体 45^ト SL×9ケ	N$_2$O$_4$/UH25 70^ト SL×4	固体 650^ト SL×2	固体 700^ト VAC×2
2次	LOX/LH$_2$ 13^ト	LOX/ケロシン 30^ト VAC	LOX/LH$_2$ 7.5^ト VAC×2	N$_2$O$_4$/A50 4.5^ト VAC	N$_2$O$_4$/UH25 80^ト VAC	N$_2$O$_4$/MMH 3^ト VAC	N$_2$O$_4$/A50 48^ト VAC
3段		LOX/ケロシン 6^ト VAC (モルニアタイプ)		固体 7^ト VAC	LOX/LH2 6.5^ト VAC		IUS (固体) 20^ト+8^ト VAC
打上時重量 静止軌道重量	260^ト 2.2^ト	310^ト 2^ト (モルニアタイプ)	234^ト —	230^ト —	470^ト —	720^ト —	860^ト 2.4^ト
トランスファー 軌道重量	4^ト	—	3.6^ト	1.8^ト	4.5^ト	6.8^ト	6.3^ト
低軌道重量	10.5^ト	7^ト	7.2^ト	3.8^ト	9.6^ト	20^ト	17.7^ト
全段ペイロード比 m_{PL}/m_l	0.040	0.022	0.030	0.016	0.020	0.027	0.020

例題 10.1 次の2段ロケットの最終速度と全段ペイロード比を求めよ．ただし，ロケットに作用する空気力と重力の影響は無視するものとする．ペイロード比はプロペラント・マス・フラクションおよび構造効率を求めたうえで計算を行うものとする．

$\quad$ 1段推薬質量 $\quad m_{p_1} = 92000$ kg
$\quad$ 1段構造質量 $\quad m_{s_1} = 24000$ kg
$\quad$ 2段推薬質量 $\quad m_{p_2} = 38000$ kg
$\quad$ 2段構造質量 $\quad m_{s_2} = 9000$ kg
$\quad$ ペイロード $\quad m_{p_l} = 4000$ kg
$\quad$ 1段エンジン平均 $I_{sp} = 310$ s
$\quad$ 2段エンジン平均 $I_{sp} = 440$ s

解 計算の前に，必要な諸量を求めておく．
1段エンジンスタート時の質量 m_{l_1}
$$m_{l_1} = (92 + 24 + 38 + 9 + 4) \times 1000 = 167000 \text{ kg}$$
2段エンジンスタート時の質量 m_{l_2}
$$m_{l_2} = (38 + 9 + 4) \times 1000 = 51000 \text{ kg}$$
1段プロペラント・マス・フラクション
$$\zeta_1 = \frac{m_{p_1}}{m_{l_1}} = \frac{92}{167} = 0.5508$$
1段構造効率
$$\lambda_1 = \frac{m_{p_1}}{m_{p_1} + m_{s_1}} = \frac{92}{92 + 24} = 0.7931$$
2段プロペラント・マス・フラクション
$$\zeta_2 = \frac{m_{p_2}}{m_{l_2}} = \frac{38}{51} = 0.7450$$
2段構造効率
$$\lambda_2 = \frac{m_{p_2}}{m_{p_2} + m_{s_2}} = \frac{38}{38 + 9} = 0.8085$$
ロケットの最終速度は，空気力と重力を無視できるので，式 (10.38) より
$$\begin{aligned}
v_f &= c_1 \ln\left(\frac{1}{\text{MR}_1}\right) + c_2 \ln\left(\frac{1}{\text{MR}_2}\right) \\
&= 310 \times 9.80 \ln\left[\frac{1}{(167-92)/167}\right] + 440 \times 9.8 \ln\left[\frac{1}{(51-38)/51}\right] \\
&= 2431.9 + 5893.9 = 8325.8 \text{ m/s}
\end{aligned}$$

全段ペイロード比は式 (10.43) より

$$\frac{m_{p_l}}{m_{l_1}} = \left(1 - \frac{\zeta_1}{\lambda_1}\right)\left(1 - \frac{\zeta_2}{\lambda_2}\right)$$
$$= \left(1 - \frac{0.5508}{0.7931}\right) \times \left(1 - \frac{0.7450}{0.8085}\right) = 0.0239$$

この比はもちろん，ペイロードを離陸質量で割って求めることができるが，ここではプロペラント・マス・フラクションや構造効率の概念を把握できるようあえて式 (10.43) を用いた．

例題 10.2 すでに地球低軌道を周回している2段式惑星探査機がある．各段の質量比は等しいものとする．この探査機に 4000 m/s の増速度を与えるための質量比を求めよ．また出発時の総質量が 4500 kg として，このときのペイロードはいくらか？

条件：エンジン比推力　　$I_{sp_1} = I_{sp_2} = 440$ s

　　　構造効率　　　　　$\lambda_1 = \lambda_2 = 0.88$

解　最終速度を与える式 (10.38) において，各段の c および質量比が等しいことから

$$v_f = c_1 \ln\left(\frac{1}{\text{MR}_1}\right) + c_2 \ln\left(\frac{1}{\text{MR}_2}\right) = 2c \ln\left(\frac{1}{\text{MR}}\right)$$

この式に数値を入れて

$$4000 = 2 \times 440 \times 9.80 \ln\left(\frac{1}{\text{MR}}\right)$$

これより，MR $= 0.6288$

ついで，ペイロードを求める．1段の推薬量 m_{p_1} は，質量比の定義より，

$$\text{MR} = 0.6288 = \frac{m_{l_1} - m_{p_1}}{m_{l_1}} = \frac{4500 - m_{p_1}}{4500}$$

これより，$m_{p_1} = 1670.4$ kg

1段構造質量 m_{s_1} は，構造効率の定義より，

$$\lambda_1 = 0.88 = \frac{m_{p_1}}{m_{p_1} + m_{s_1}} = \frac{1670.4}{1670.4 + m_{s_1}}$$

これより，$m_{s_1} = 227.7$ kg

2段エンジンスタート時の質量 m_{l_2} は，

$$m_{l_2} = 4500 - (1670.4 + 227.7) = 2601.9 \text{ kg}$$

2段の推薬量 m_{p_2} は，質量比から，

$$\text{MR} = 0.6288 = \frac{2601.9 - m_{p_2}}{2601.9}$$

これより m_{p_2} は,
$$m_{p_2} = 965.8 \text{ kg}$$
2段構造質量 m_{s_2} は,構造効率の定義より
$$\lambda_2 = 0.88 = \frac{m_{p_2}}{m_{p_2} + m_{s_2}} = \frac{965.8}{965.8 + m_{s_2}}$$
これより,m_{s_2} は,
$$m_{s_2} = 131.7 \text{ kg}$$
以上よりペイロード m_{p_l} は
$$m_{p_l} = m_{l_2} - (m_{p_2} + m_{s_2}) = 2601.9 - (965.8 + 131.7) = 1504.4 \text{ kg}$$
となる.

参 考 文 献

[1] 航空宇宙工学便覧,初版,p,299,図6.32,丸善1974年

11 電気推進

宇宙推進に電気が使われるようになったのは，つい最近である．人工衛星が大型化し，供給電力に余裕が出てきて，はじめて実用化された．電力はおもに，太陽電池により宇宙において得られるため，地表からエネルギー源を運ぶ化学ロケットに比べ，この点で有利であるが，推力がきわめて小さいため，その使用方法にはいろいろな制限がある．

11.1 電気推進の分類

電気推進には，以下の三つの基本的なタイプがある．
① 電熱加速型 (electrothermal)：推進薬は電気により加熱され，熱力学的に膨張する．レジストジェット，アークジェットなど
② 静電加速型 (electrostatic)：電荷を持ったイオンまたはコロイドが静電的に加速される．イオンスラスタなど
③ 電磁加速型 (electromagnetic)：十分にイオン化したプラズマが電磁力学的に加速される．MPD，ホールスラスタなど

これら電気推進を化学ロケットと比較すると，表 11.1 のようになる．

表 11.1 化学ロケットと電気推進の比較

項目	化学ロケット	電気推進
特徴	1. 推力が大きい 2. 信頼度が高い	1. 比推力が高い (但し推力は小さい) 2. 電気は軌道上で得られる 3. 電力供給装置重い
適用ミッション	1. 短時間制御のミッションに適す (打ち上げ，ランデブ・ドッキング等)	1. 長時間制御のミッションに適す (静止衛星南北制御，深宇宙探査等)
問題点	1. 特になし	1. 開発中のものが多く，搭載実績が少ない．(信頼度が低い)

11.1 電気推進の分類

電気推進は，推力が小さいため，重力がはたらく空間 (high-gravity field) で用いるのは無理で，微小重力空間 (low-gravity field)，すなわち宇宙 (space) での応用に適する．電力制御装置は非常に重く，通信などの電力装置との共有化をはかり，通信の空き時間を利用するのがベストな使い方であろう．

電熱加速型のうち，レジストジェットは，ヒドラジン分解ガスなどのガスをタングステン合金線のような電熱線で加熱するもので，最も簡便な電気推進スラスタといえる．DCアークジェットは，これに対して，ガスを電気アークの間に通すことにより加熱するもので，レジストジェットに比べて，ガス温度を非常に高くとることができ，その分，性能もよい．これら電熱式スラスタ，イオンロケット，MPD推進のシステムとしての比較を表 11.2 に示す．

表 11.2 電気推進システムの比較

形式	長 所	短 所	備 考
レジストジェット	装置簡単，制御容易，低コスト，比較的大推力で高効率，ヒドラジン等多くの推薬の使用可能	比推力小，侵食	飛行実績あり
アークジェット	ガスの直接加熱，低電圧，比較的単純な装置，比較的に推力大，ヒドラジン分解ガス使用可	低効率，大電力のときの侵食磨耗，低比推力，大電流，電力制御複雑	大出力ユニットでは 100 kW 以上の電力が必要で研究中
イオンロケット	高比推力，高効率	電力制御複雑，高電圧，面積あたりの推力小，電源重量大	飛行実績あり
MPD 推進	比較的単純，高比推力，固体推進剤，面積当たりの推力大	推力小，テフロン反応物は有毒・腐食性あり，低効率，解析困難，比電力高い，電源重量大	ソ連に衛星搭載実績あり

また各スラスタの性能比較を，表 11.3 に示す．レジストジェットはヒドラジン分解ガスジェットスラスタ (約 230 秒) に比べ，3 割程度の性能改善であるが，DCアークジェットは 2 倍以上改善される．これら電熱型スラスタに比べ，イオンスラスタ，MPDスラスタは 2000 秒以上の性能が期待でき電気推進の特徴をよく表しているスラスタといえる．

表 11.3 電気推進スラスタの性能比較

		レジストジェット (EHT等)	DCアークジェット	PPT	MPDアークジェット 準定常型	MPDアークジェット 定常型	イオンスラスタ
加速機構		空力加速	空力加速	電磁加速	電磁加速	電磁加速	静電加速
推進薬	種類	N_2H_4, NH_3, N_2, H_2 (特に制限はない)	N_2H_4, NH_3, H_2, Ar (特に制限はない)	テフロン	N_2H_4, NH_3, H_2, Ar (特に制限はない)	N_2H_4, NH_3, H_2, Ar (特に制限はない)	Hg, Xe, Ar
	貯蔵条件	N_2H_4/常温液体 (~2.5 [MPa])	N_2H_4/常温液体 (~2.5 [MPa])	常温固体	N_2H_4/常温液体 (~2.5 [MPa])	N_2H_4/常温液体 (~2.5 [MPa])	Xe/加圧液化 (~10.0 [MPa])
電源		DC電源	DC電源	充電器+コンデンサ	充電器+PFN	DC電源	DC電源+昇圧トランス
応答性 (起動時間)		即	即	即	即	即	~30[min]
作動モード		定常・オン・モード	定常	パルス	パルス	定常	定常
推力/電力比		~500 [mN/kW] : N_2H_4 (~200 [mN/kW] : H_2)	~100 [mN/kW]	~10 [mN/kW]	~40 [mN/kW]	~40 [mN/kW]	~30 [mN/kW]
比推力		300 [s] : N_2H_4 (800 [s] : H_2)	500~1000 [s] : N_2H_4 (1500 [s] : H_2)	200~3000 [s]	1000~5000 [s]	1000~5000 [s]	2000~5000 [s]
(放電)電圧		30~50 [V]	50~200 [V] (トリガ 800~1000 [V])	1~100 [kV]	100~200 [V] (トリガ 800~1000 [V])	100~200 [V] (トリガ 800~1000 [V])	800~3800 [V]
(放電)電流		10~20 [A]	20~150 [A]	10~1000 [kA]	~10 [kA]	1 [kA]~	~0.1 [A]
推力密度		~10^4 [N/m^2]	~10^4 [N/m^2]	~10 [N/m^2]	~10^4 [N/m^2]	~10^4 [N/m^2]	~5 [N/m^2]
ピーク電力		1 [kW]	50 [kW]	10 [kW]	100 [kW]	1 [MW]	5 [kW]

EHT : Elrctro-thermal Hydrazine Thruster
PPT : Pulse Plasma Thruster
PFN : Pulse Forming Network

（1） 電気推進のミッション

電気推進は，その高性能を利用して，次のような各種のミッションに用いられる．

① 軌道変換または摂動の修正：南北のステーション・キーピングの例：$H = 350$ km，$\Delta V = 50$ m/s/毎年．この場合10年間のΔVが500 m/s程度になり実際にも使われている．

② 衛星の速度増加に使用：地球低軌道 (LEO) →静止軌道 (GEO)$\Delta V = 6000$ m/s．低推力であるため，1年程度かかってしまう．

③ 宇宙探査に使用：惑星間航行，太陽系脱出など．50～2000 kWのパワーサプライが必要．

たとえば，静止通信衛星で15年の寿命，質量2600 kgの衛星の南北制御には，1年に50 m/sの速度増分が必要であり通常の化学ロケットでは15年間で750 kgの燃料が必要である．これにI_{sp}が2800 sの電気推進を用いると，それだけで燃料は約100 kgですむ．電力系，その他の装置が必要であるが，それでも450 kg程度の節約となる．このように，ミッションによっては電気推進は，明確にその存在価値があるわけで，最近，急速に研究が進んでいる．

11.2 電気推進の基本的パラメータ

すべての電気推進に共通するパラメータである比推力I_{sp}と，電力供給量P_eの関係を導いておく．単位推力当たりのジェットの仕事 (パワー) P_{jet}は，次の簡単な関係で表現される．

$$\frac{P_{jet}}{F} = \frac{\frac{\dot{m}v^2}{2}}{\dot{m}v} = \frac{1}{2}v = \frac{1}{2}I_{sp}g_0 \tag{11.1}$$

ここで，$\dot{m}$は質量流量，vは平均噴出速度である．

供給される電力のうち，どれだけがジェットの仕事に転換されたかの比を推進効率ηとすると，

$$\eta = \frac{\text{ジェットの仕事}}{\text{電力インプット}} = \frac{P_{jet}}{P_e} \tag{11.2}$$

である．式(11.1)を用いて変形して，

$$\eta = \frac{P_{jet}}{P_e} = \frac{\frac{\dot{m}vv}{2}}{P_e} = \frac{FI_{sp}g_0}{2P_e} = \frac{FI_{sp}g_0}{2IV} \tag{11.3}$$

とする．P_e は電力の入力 (kW) で，IV に等しい．式 (11.3) を変形すると，

$$P_e = \frac{F}{2\eta}I_{sp}g_0 \tag{11.4}$$

となる．したがって，推力と推進効率が同程度ならば，比推力と消費電力はほぼ比例する．このようにアイデアルなパワーインプットは I_{sp} に比例する．この式 (11.4) は電気推進の特徴をよく表している．すなわち，電気推進では，性能，したがって高い I_{sp} を実現するためには，単位推力当たりのパワーを上げる必要があり，大きく重い電力供給装置 (パワーサプライ) が必要になる．

前段では，性能 I_{sp} を上げるためには，電力供給を増せばよいことがわかった．I_{sp} が高いと，トータルの推薬量が減少して，宇宙機 (スペースクラフト) が軽くなるが，しかし，電力供給を増すと，供給装置の重量が増える．どこかに最適の I_{sp} があるはずであり，それを求めてみる．ここで，Δt：推力を発生している時間 F：そのときの推力 (一定とする) Δm：総消費推薬量とすると，

$$\Delta m = \dot{m}\Delta t = \frac{F}{v}\Delta t = \frac{F\Delta t}{I_{sp}g_0} \tag{11.5}$$

となる．電力供給装置の質量 m_p は，出力 P_e に比例するものとし，その比例定数を α とすると，

$$m_p = \alpha P_e \tag{11.6}$$

となる．電力 P_e は式 (11.4) で述べたように，比推力 I_{sp} に比例するから，

$$m_p = \alpha P_e = \frac{\alpha F I_{sp} g_0}{2\eta} \tag{11.7}$$

である．宇宙機の総推薬と電力供給装置の質量の和は，

$$\Delta m + m_p = \frac{F\Delta t}{I_{sp}g_0} + \frac{\alpha F I_{sp} g_0}{2\eta} \tag{11.8}$$

となる．上式の値を推進系の質量とよぶことにすると，この質量を最低とする I_{sp} が存在する．その I_{sp} を以下に求める．

上式を I_{sp} により微分すると，

$$\frac{d(\Delta m + m_p)}{dI_{sp}} = -\frac{F\Delta t}{g_0}\frac{1}{I_{sp}^2} + \frac{\alpha F g_0}{2\eta} \tag{11.9}$$

となり，推進系の質量の和を最低とする I_{sp} は上式を 0 とおいて，

$$-\frac{F\Delta t}{g_0}\frac{1}{I_{sp}^2} + \frac{\alpha F g_0}{2\eta} = 0$$

より，

$$I_{sp} = \frac{1}{g_0}\left(\frac{2\eta\Delta t}{\alpha}\right)^{1/2} \tag{11.10}$$

となり，この点において，推進系の質量は最低(したがって，最適)となる．図示すると図 11.1 のようになる．

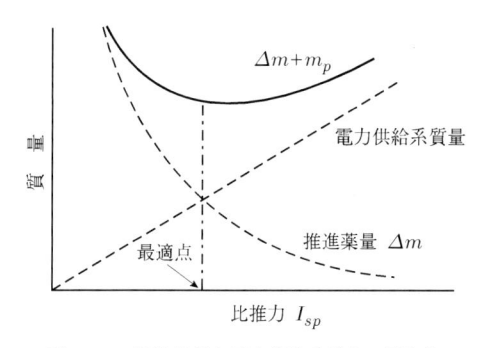

図 11.1 推進薬量と電力供給系質量の最適化

図に示すように I_{sp} が高過ぎても，低過ぎても推進系の質量は増えることになる．最適点における質量 $(\Delta m + m_p)_{\text{opt}}$ は，

$$(\Delta m + m_p)_{\text{opt}} = 2F\left(\frac{\alpha\Delta t}{2\eta}\right)^{1/2} \tag{11.11}$$

である．

11.3 DC アークジェット

DC アークジェットは，図 2.5 に示したように，直流 (DC) 陰極，陽極，ノズルおよびインシュレータより構成される．推薬ガスは，陰極と陽極の隙間に供給され，この間でアークにより加熱され，ノズルにおいて熱力学的に膨張し噴出する．この加速されたガスが推力を発生する．電熱線で加熱されるレジスト・ジェットに比べ，ガスが高温となるため，高性能である．

アークジェットは，文字どおりアーク放電現象を利用したスラスタである．

アーク放電は，両電極間の電流が増し，陰極からの電子放出が熱電子放出に変化した際に得られる，電流密度が高く，放電維持電圧の低い放電である．アーク(陽光柱)は陰極と陽極の間に形成され，磁界により圧縮されて柱状になるが，本来は不安定で，図 11.2 のようにソーセージ状になったり，キンク(折れ釘)状になったりとその制御が難しい．

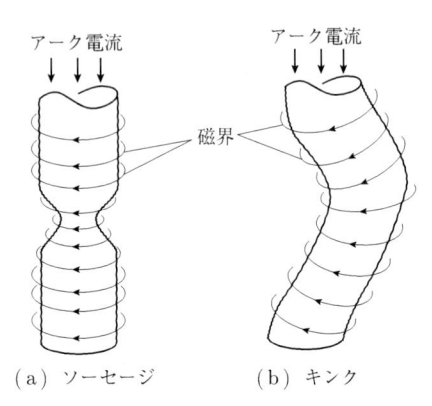

図 11.2 圧縮されたアークの不安定現象

　この不安定現象を避けるため，ガスによりスワールをつくり，そのなかにアークを閉じこめたり，また両極間に長く狭いチューブを設けたり，試行錯誤の末に，アークのまわりに金属壁があると変形を弱めるはたらきがあり，安定化に効果があることがわかった．

　経験的に，図 11.3 に示したようにスロートを伸ばし(この部分をコンストリクタという)，陰極を中心の柱に，陽極をアニュラ型に配置した形状がアークも安定し，性能が改善されることがわかった．ここで，陽極のアークの付着点であるが，図 11.4 に示すようにアークが十分伸びて陽極の後流側に付着する高電圧モードと，陽極の前方に付着する低電圧モードとがある．高電圧モードがアークも安定し，高性能である．コンストリクタ上流側の圧力を上げると，高電圧モードになりやすい．

　コンストリクタ上流側から入ってきた推進薬のガスはアーク放電場を通る際，ジュール加熱により熱せられるとともに，ガスの一部は電離する．この電離された荷電粒子が空間の導電率を高め，一層放電が起きやすい状態になる．

11.3 DCアークジェット

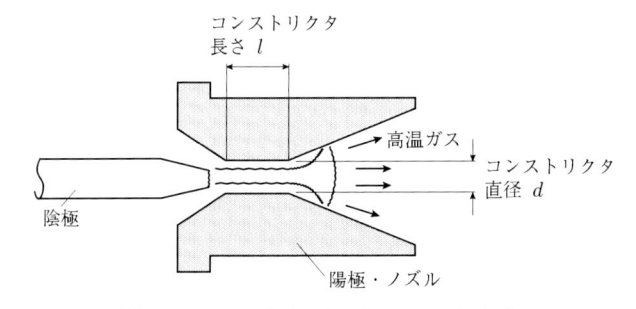

図 11.3 コンストリクタのあるスラスタノズル

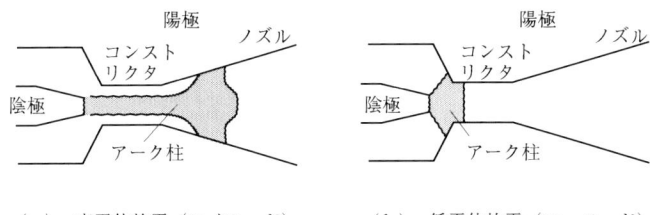

(a) 高電位放電（ハイモード）　　(b) 低電位放電（ローモード）

図 11.4 放電モード

このようにして得られた弱電離気体が，ノズルで熱力学的に膨張し，超音速流となって噴出する．ノズル噴出速度を v, 質量流量を $\dot{m}$ とすると，推力 F は，

$$F = \dot{m}v \tag{11.12}$$

となる．ガスの温度は，一次元のナビア・ストークス (Navier-Stokes) 式を用いた数値計算では，6000 から 8000 K にもなってしまう．このような高温ガスより，陰極，コンストリクタ，およびノズルは境界層を通じて，また放射により高い伝熱を受ける．陰極および陽極表面は，このほかにアークのコンタクトポイントで電力により直接加熱される．ノズル外周面より宇宙空間に放射により逃げる熱およびガスに持ち去られる熱を考慮して，スラスタの熱バランスを計算した一例を図 11.5 に示す．

電極はこのように，通常，非常に高温になるので，タングステン (W) か，1〜2% のトリウム (thorium, Th) を含むタングステン合金が使われる．このタングステン合金は，3000 K までの使用が可能である．陽極，陰極間のインシュレータとしては窒化ホウ素 (boron nitride) が，フランジ間のシールにはカーボ

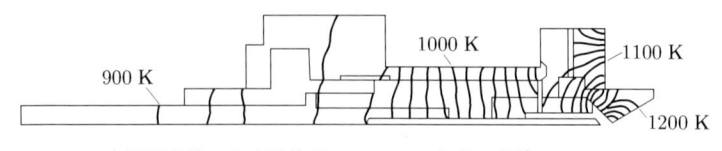

有限要素法による計算例，1000W，点火30分後

図 **11.5** アークジェットスラスタの温度上昇[1]

ンのシールが使われることが多い．そのほか，典型的なアークジェットスラスタの材料を図 11.6 に示す．

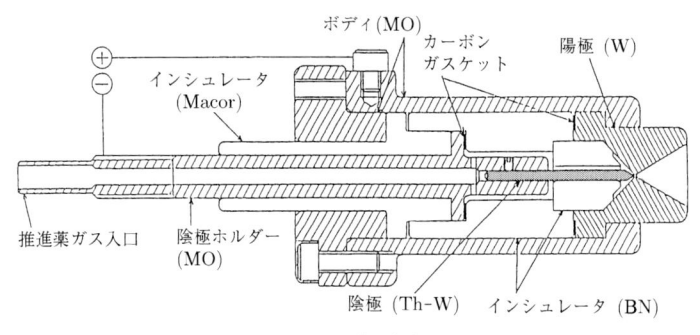

図 **11.6** 使用材料例

（1） 推力の測定

式 (11.12) において，1 kW 級のアークジェットスラスタでは，v は約 2000 m/s，$\dot{m}$ は 20～80 mg/s 程度であるので，推力は 20 mN～160 mN 程度である．重力に換算すれば，アルミ硬貨 10 枚ほどの力である．これは，ほかの化学ロケットエンジン，およびレジストジェットに比べても，表 11.4 に示すように極端に小さな値であり，正確に測定するためには特別の工夫が必要である．

表 **11.4** 推力/重量比

エンジン	代表的推力	代表的重量	推力/重量
SSME	2000 KN	4500 kg	45.0
小型 H_2/O_2	10 KN	200 kg	5.0
レジストジェット	1 N	5 kg	0.02
1 kW アークジェット	0.1 N	1.5 kg	0.006

図 11.7 は，このために考えられた振り子式推力測定装置であり，通常，真空

槽のなかに設置されて使用される．スラスタ⑨は，水平に振り子のロッド⑩に取り付けられる．スラスタが推力を発生すると，スラスタ全体が図の左方に変移し，それに応じて振り子のスラスト・アーム③がロードセル⑥の爪を上方に押し上げる．ロードセルのゆがみは電圧信号に変換されて，外に取り出される．振り子式を採用するのは，小さい力を振り子のアームで拡大できること，ロードセルと高温のスラスタを離すことができること，ベアリング②の直近で推薬や電力を取り入れることができて，推薬配管や電力線からの変移抵抗を避けることができることなどの理由による．

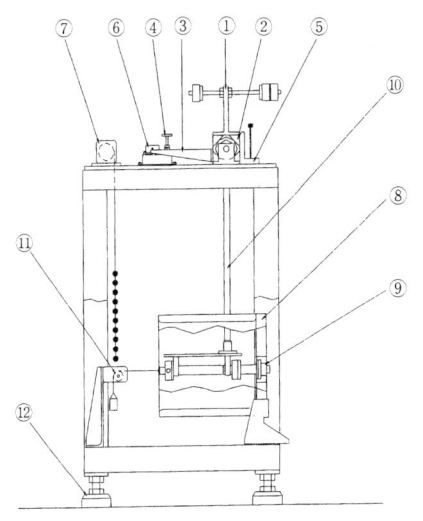

① バランス・ウェイト　⑦ ステッピング・モータ
② 軸受　　　　　　　　⑧ 水ジャケット
③ スラスト・アーム　　⑨ スタスタ
④ アジャスタ・ロック　⑩ スラスタ・ロッド
⑤ ストッパー　　　　　⑪ 滑車
⑥ ロードセル　　　　　⑫ ダンパー

図 **11.7** 推力測定装置[2]

（2） DCアークジェットの性能

図 11.7 の推力測定装置で得られたデータを紹介する．使用した 1 kW 級スラスタを図 11.8 示す．コンストリクタ寸法は，内径 0.5 mm，長さ 0.6 mm である．使用推進薬は N_2 ガスで，流量は 58 mg/s である．このスラスタの比推力

140　11. 電気推進

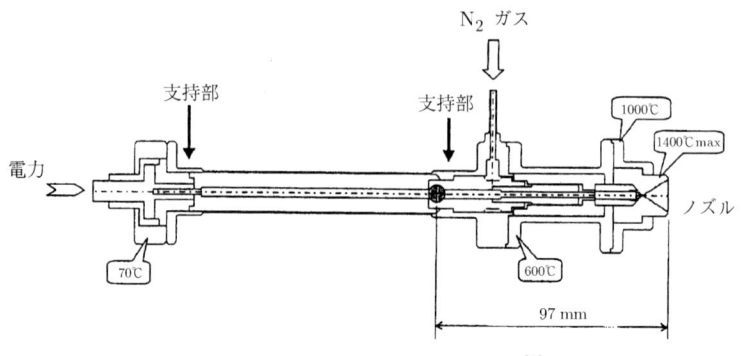

図 11.8　アークジェット・スラスタ[2]

I_{sp}，および推進効率 η を，図 11.9 および図 11.10 に示す．ここで，I_{sp} および η は，以下の式で定義している．

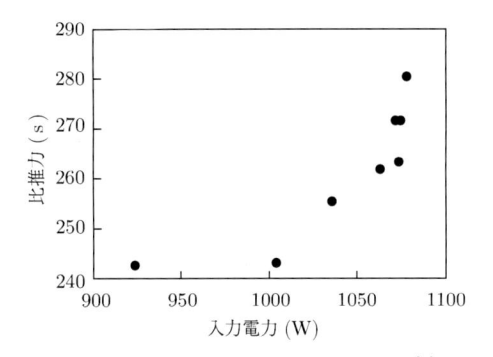

図 11.9　入力電力–比推力 I_{sp} (N_2 ガス)[2]

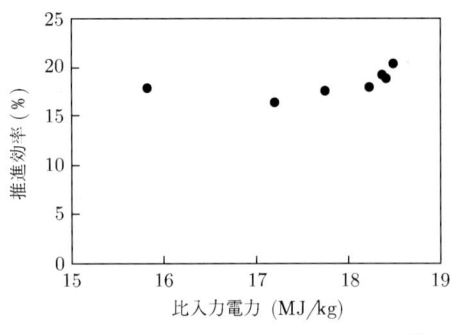

図 11.10　比入力電力–推進効率 (N_2 ガス)[2]

$$I_{sp} = \frac{F}{\dot{m}g_0} \tag{11.13}$$

$$\eta = \frac{FI_{sp}g_0}{2IV} \tag{11.14}$$

ここで，I, V は供給電流，電圧である．

得られた Isp は，電気推進としては低い値であるが，N2 ガスで，かつ 1 kW

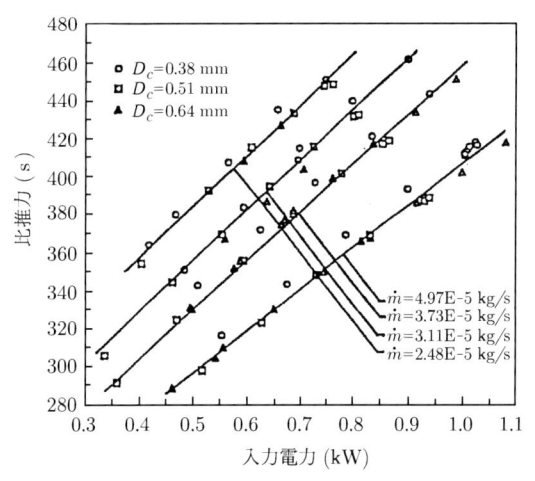

図 **11.11** 比推力-入力特性 (ヒドラジン模擬ガス[3])

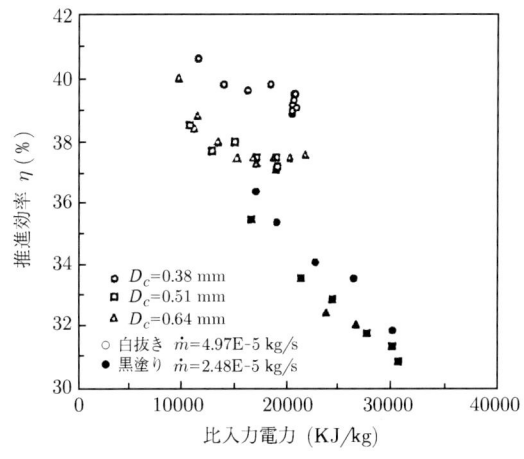

図 **11.12** 効率-比入力特性 (ヒドラジン模擬ガス[3])

級としては，水準のものである．ヒドラジン分解ガスを使用すると，400～500秒の性能が期待できるが，その例を図 11.11 および図 11.12 に示す．前例に比べ，比推力は 400 秒程度に上昇しているのがわかる．なお，この図では，コンストリクタの径の影響も把握できるが，コンストリクタ径の比推力に対する影響はあまり明確ではないが，推進効率は径が小さいほうがよいことがわかる．

11.4 イオンロケット

イオンロケットは，推進剤を電離して生成したイオンを，静電的に加速，噴射して推力を得る．すべての荷電粒子が同じ方向に動くためには，同じ符号(正または負)でなければならない．通常は水銀，セシウムやキセノンの陽イオンが使われる．電子は容易に加速できるが，質量が小さ過ぎるため，推進には寄与しない．

図 11.13 にイオンロケットの原理を示す．図の左方で発生した陽イオンは，イオンソースと加速グリッド空間にかけられた電界から静電的力を受けて，右方に加速され，グリッド隙間を通り宇宙空間に飛び出す．この飛び出した陽イオンにより，宇宙機(スペースクラフト)が負に帯電するのを防ぐため，中和器から電子を噴射し，噴射ジェットの中和をはかっている．

(1) 一次元の基本式

イオンロケットスラスタの推進の一次元基本式を示す．図 11.14 のイオンソースと加速グリッド間に静電界がかけられ，電荷 e，質量 M のイオンは，初

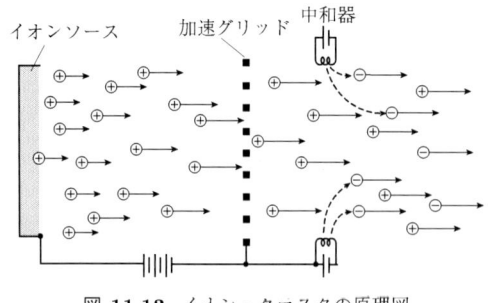

図 11.13 イオン・クラスタの原理図

速 0 で右のほうに移動するが，そのとき，距離 x における速度 $v(x)$ は，

$$v(x) = \left[\frac{2e(V_0 - V)}{M}\right]^{1/2} \tag{11.15}$$

となる．ここで，$V(x)$ は，電位ポテンシャルで，一次元のポアソンの方程式により，イオン密度 $N(x)$ と次のように関係づけられる．

$$\frac{d^2V}{dx^2} = -\frac{Ne}{\beta_0} = -\frac{j}{\beta_0 v} = -\frac{j}{\beta_0}\left[\frac{M}{2e(V_0 - V)}\right]^{1/2} \tag{11.16}$$

ここで，β_0 は真空中の空間誘電率 (F/m)，j は電流密度 (A/m^2) である．この両辺に $2dV/dx$ を掛けて単純に積分すると，

$$\left[\left(\frac{dV}{dx}\right)^2\right]_0^x = \left[4\frac{j}{\beta_0}\left(\frac{M(V_0 - V)}{2e}\right)^{1/2}\right]_{V_0}^V$$
$$\left(\frac{dV}{dx}\right)^2 - \left(\frac{dV}{dx}\right)_0^2 = \frac{4j}{\beta_0}\left[\frac{M(V_0 - V)}{2e}\right]^{1/2} \tag{11.17}$$

となる．ここで，2 平面間の電界 $E = -dV/dx$ の分布には，図に示すように，空間電荷がない場合 (実線) と空間電荷がある場合 (破線) の 2 種類の状態があるが，ここでは，イオンという空間電荷が存在しているので，上式において空

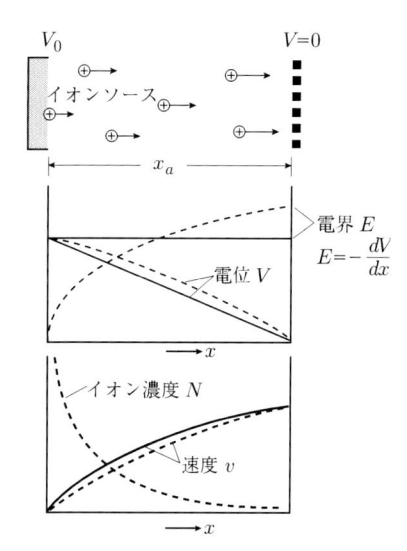

図 **11.14** 一次元加速モデル (実線：空間電荷なし，破線：空間電荷あり)

間電荷がある場合の境界条件より,$x=0$ で $dV/dx = 0$ とおいて,

$$\frac{dV}{dx} = 2\left(\frac{j}{\beta_0}\right)^{1/2}\left[\frac{M(V_0-V)}{2e}\right]^{1/4} \tag{11.18}$$

となる.この式を変数分離法で積分して,

$$\int_{V_0}^{V}(V_0-V)^{-1/4}dV = \int_0^x 2\left(\frac{j}{\beta_0}\right)^{1/2}\left(\frac{M}{2e}\right)^{1/4}dx$$

$$V = V_0 - \left[\frac{3}{2}\left(\frac{j}{\beta_0}\right)^{1/2}\left(\frac{M}{2e}\right)^{1/4}x\right]^{4/3} \tag{11.19}$$

となる.この式に $x = x_a$ で $V = 0$ とおくと,この空間で得られる限界電流密度が求められる.

$$j = \beta_0 \frac{4}{9}\left(\frac{2e}{M}\right)^{1/2}\frac{V_0^{3/2}}{x_a^2} \tag{11.20}$$

以上の議論は一次元のものであった.単位断面積当りの推力 F/A を式 (11.15),(11.20) を使って求めると,

$$\frac{F}{A} = \dot{m}v_a = N_a M v_a^2 = \frac{8\beta_0}{9}\left(\frac{V_0}{x_a}\right)^2 \tag{11.21}$$

となる.ここで,$\dot{m} = N_a M v_a$ であることに注意.式 (11.21) がイオンスラスタの推力を与える基本的な式である.この式は,不思議な式というべきかもしれない.なぜなら,ロケットの推力を与える式でありながら,推力は粒子の質量にも電荷にも関係しないのである.ただ単に,電位差とその間の距離のみの関数となっている.

(2) イオンスラスタの分類

イオンスラスタの方式には,そのイオン生成方法により,電子衝突型,接触電離型などがある.

(a) 電子衝撃型 (electron bombardment) スラスタ

加熱したカソードから電子を放出,ガス状のプロペラント (水銀またはキセノン) に衝突させ陽イオンを発生させる方式である.日本や米国,英国などでイオンロケットの主流として研究開発が盛んである.もともと,1959 年,NASA のカウフマン (Kaufman) が発明し,カウフマン型ともよばれ,NASA ルイス研究所を中心に開発されてきた.

(b) 接触電離型 (ion contact) スラスタ

プロペラント・ベーパー (通常, セシウム) を高温 (1100°C) のポーラス・タングステン・コンタクト・イオナイザを通すことにより, 陽イオンをつくる. 15〜30年前まで研究されたが, 信頼性や効率に難点があったため, いまは中断している.

(3) 電子衝撃型スラスタ

図 11.15 に, 電子衝撃型スラスタの原理を示す. イオン化室 (チャンバー) のサーマルフィラメントからチャンバー内に電子が放射され, シリンダー状の陽極にひきつけられるが, 弱い軸方向の磁場により, チャンバー内で軸方向にスパイラルし, プロペラント原子と衝突する. この結果原子はイオン化される. チャンバー出口のグリッド電極の強力な電場によりこの陽イオンが引き出され, グリッドの開口部を通じて静電的に加速される. また衛星の帯電を防ぐため, 中和器より電子を放出し排出ビームを中和する.

イオンスラスタ用推進薬としては, 初期には水銀が使われ, それらのうち, いくつかは飛行している. しかし, 水銀は有害なため打上げ前の取扱いが複雑であり, また衛星表面に付着しほかの材質と反応するため, 現在では使用例は少ない.

実験機にはカリウム, 水素, ヘリウム, クリプトン, アルゴンが使われたが, 今日では, キセノンが, 原子量が大きい非活性の単原子ガスとして好まれてい

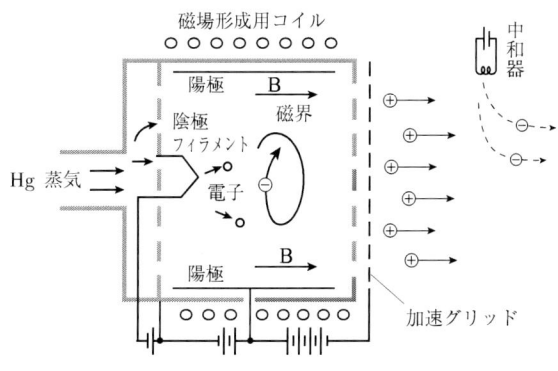

図 11.15 電子衝撃型スラスタ原理図

る．キセノンは空気中に少なく，8.6×10^{-6} mol% であり，液体空気の最後の留分から精製される．臨界点は 289.7 K, 5.84 MPa であり，臨界点以上で液として貯蔵できる (臨界液の密度は 1100 kg/m^3)．また，気体としても圧縮率が高く，加圧すれば気相のままで比重を 1 近くまで大きくできる．原子量が大きく，電離電圧が低いので高性能が期待できる．キセノンが希少である点については，電気推進の使用が価格や入手性に影響する程ではなく，国内的にも十分増産の余裕がある．

イオン化プロセスは，電子エネルギー，電子密度，プロペラント原子の密度に依存するわけであるが，イオン化されていないか中性のプロペラントは加速場の影響を受けないため，集積し，イオンや電子を排除するため，故障 (アークや電圧のブレークダウン) の原因となる．

（4） **接触電離型**

スラスタは衝撃型と同じであるが，イオンの生成方法が異なる．シングル・プロペラントの原子が高い「仕事関数」をもった加熱された金属に接触すると，イオンが生成される．タングステンを約 1100°C に加熱すると，その電離仕事関数 (4.5 eV) のために，セシウムが簡単にイオン化する (イオン化ポテンシャルは表 11.5 より 3.9 eV)．液のセシウムは 7 kPa 以下でポーラス・タングステン・イオナイザを通すと 99〜100% イオン化する．

加速ビーム内に推進薬の中性原子があると，電荷交換の衝突が盛んになり，ビームのイオンは散乱する．この散乱は，陰極のスパッタリング腐食，スラスタ効率の低下をきたし，推力損失の原因となる．イオン化装置の汚染防止と加速排気ビーム中の中性原子を最小限にするために，表 11.5 にあるセシウム正イオンを生成する最小値 3.9 eV よりも，高いポテンシャルを用いるのが一般的である．

（5） **イオンビームの中性化**

宇宙で孤立した衛星から，プラスイオンのみを噴射すれば，イオンロケットおよび衛星はマイナスに帯電し，静電力によりイオンは引きもどされ，加速できなくなる．そこで，加速グリッドにより加速されたイオンビームに，中和器から電子を注入し，ビームを中和する必要がある．

表 11.5 各種ガスのイオン化ポテンシャル

ガス	イオン化ポテンシャル (eV)	分子量または原子量
セシウム蒸気	3.9	132.9
カリウム蒸気	4.3	39.2
水銀蒸気	10.4	200.59
キセノン	12.1	131.3
クリプトン	14.0	83.8
酸素分子	12.2	31.99
水素分子	15.4	2.014
窒素分子	15.6	28.01
アルゴン	15.8	39.948
ネオン	21.6	20.179
ヘリウム	24.6	4.002

$1 \mathrm{eV} = 1.60 \times 10^{-19}$ J

中和の方法には,中空陰極(ホローカソード)により電子を発生させ,それを主ビームに向け噴射する方法が一般的になっている.

(6) 加速・減速のコンセプト

ここまでの議論は,中和器から噴射された電子のなかで,加速グリッドを通って上流にいくものを無視してきた.しかし,これは許容できない現象である.いったんこの電極を超えると,電子はイオンを加速しているのと同じ電界により勢いよくイオンソース面に向かってもどってくる.このエレクトロン・フラックスは,該当する推力なしに電力供給の電流損失となり,またイオンソースを傷つけてエミッション・プロセスを乱してしまう.

そこで,加速ギャップに逆流してくる電子の移動を防ぐため,加速グリッドの後流に増大する電位を与えるコンセプトが考案された.すなわち,図11.14の基本コンセプトでは,加速グリッドでの電位を0としたが,この加速・減速コンセプトでは,グリッドにおける電位をマイナスとし,図11.16のように,後流のニュートラル点に向かって電位が上がっていくようにする.こうすることにより,浮遊電子は図のように,この電位差に押され逆流できなくなる.

(7) イオンロケットの性能

イオンロケットの比推力 I_{sp} は,噴出速度で決まり,約2000〜7000秒である.噴射速度を上げるには,式(11.15)より加速電位を高くすればよいが,そ

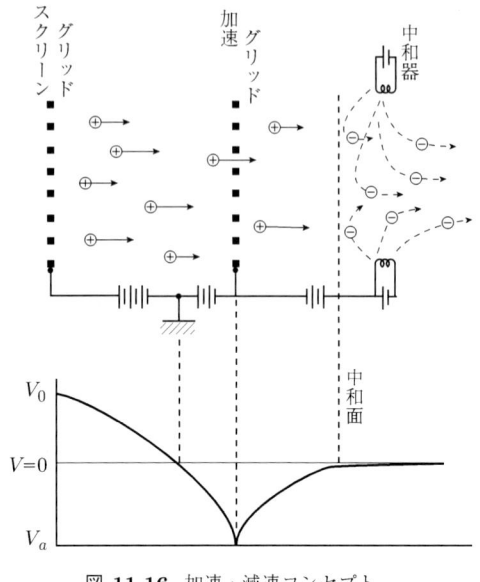

図 11.16 加速・減速コンセプト

うすると電源が重くなってしまう．11.1節で述べたように，推進薬や電源装置を含めたシステム全体の重量を最小とする最適の I_{sp} が存在する．

具体的な数値を与え，性能を検討した結果を例題11.1に示している．参照されたい．

(8) わが国の研究の現状

最近，電子衝撃型のカウフマン型の発展型として，より高性能が得られるカプス磁場型イオンエンジンの研究が盛んになっている．その構成と作動原理を図11.17に示す．

推進薬は，一部は主陰極を通し，大部分は推進剤分配器を通して放電室に送られる．この主陰極は，ホローカソード(中空陰極)とよぶ放電を利用する電子源である．そこから放出された電子は陽極に向かって加速され，推進剤原子と衝突して推進剤を電離させる．放電室壁面の環状磁石は，カプス(尖頭)状の磁場を形成し，壁面に向かって荷電粒子が逃げるのを防ぐ．カウフマン型では，陰極から下流へラッパ状に広がる形状の磁場を使っているが，ここがカプス型

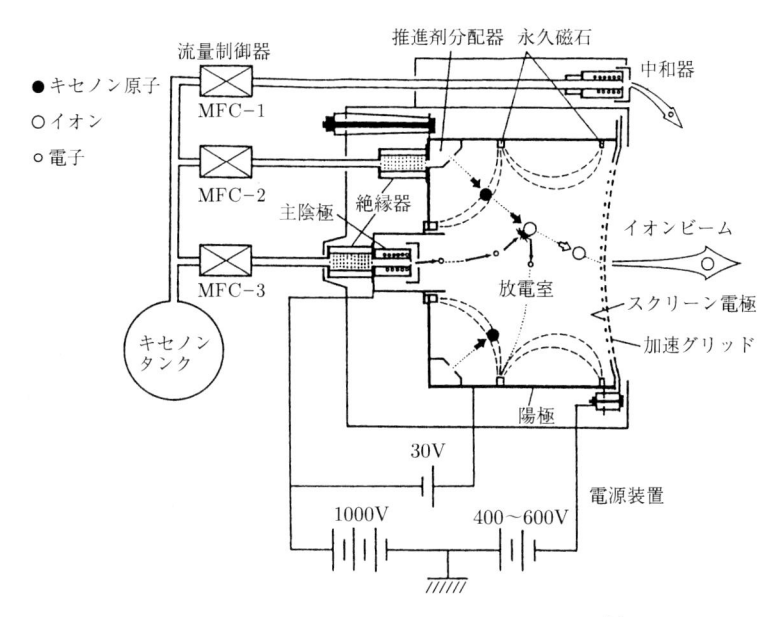

図 **11.17** カスプ磁場型イオンエンジンの動作原理[4]

の特徴である．放電室下流には，イオン加速系電極 (小孔の多数あいた 2 枚の電極) を取り付け，内側のスクリーン電極に正，外側の加速電極に負の電位をかける．これらの電極により，放電室中のイオンが静電的に引き出され，高速で噴射される．飛び出したイオンは，中和器から放出された電子により中和される．

わが国では，すでに 1998 年，カウフマン式電子衝撃型イオンエンジンが COMETS 衛星に搭載された実績がある．

11.5 MPD スラスタ (magnetoplasma-dynamic thruster)

電気推進の第三のタイプは，プラズマ状態まで加熱されたガスを加速するものである．プラズマとは，電子，正のイオン，中性の原子の混合物であり，温度 5600 K 以上で容易に導電する．電磁気学理論より，磁場中の導電体が電流を運ぶときは，いつも力が導電体に作用し，その方向は電流と磁場の双方に対し，直角な方向である (フレミングの左手の法則)．

図 11.18 において，ガスがスカラー導電率 σ をもっているとき，電流密度 j，$(j = \sigma E)$ が電界 E に平行に流れ，磁束密度 B と干渉して力 $f = j \times B$ を生み，j, B に直角な右方向にガスを加速する．

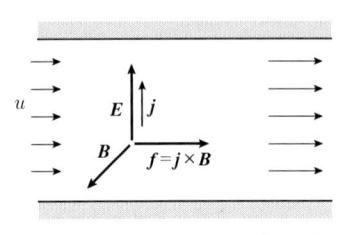

図 11.18 電磁場で流体が受ける力

プラズマ中にある等しい量の負または正の粒子は，スラスタ中で一緒に加速され中性の排出ビームとなる．これは，電磁スラスタの重要な特性であり，ビークルに電荷を蓄積しない．また，高い推力密度(単位面積当たりの推力)をもち，通常，イオン静電スラスタの 10～100 倍である．

多くのコンセプト(外部磁界のあるものや，ないものなど)が研究された．あるものは連続で，あるものはパルスにより作動する．スラスタ名称も種々あり，文献などを読むときには注意を要する．いずれにしろ，スラスタの多くは，プラズマを，電流を運ぶ電気回路の一部としており，推力の大部分を磁気エネルギーから得ている．

図 11.19 は，一次元定常の電磁加速器である．紙面の背面方向から手前に向かって外部磁界があり，下から上方に電界が加えられている．この方向に導電性流体中を電流 j が流れている(この電流により誘導される磁界は，外部磁界に比べ小さいので無視する)．このとき，この磁界および電流に直角に右方向に力 $j \times B$ がはたらき推薬を加速する．

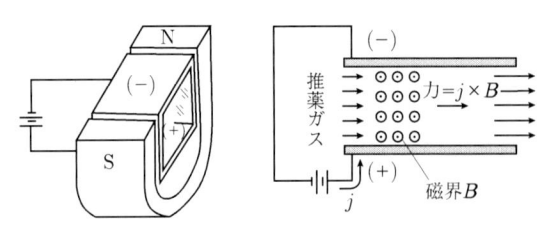

図 11.19 二次元静的な電磁加速器のモデル

水素，アルゴン，キセノンが MPD アークジェットの最も一般的な推進薬である．MPD アークの超高温を利用して固体のテフロンなども推進薬として使うことができる (図 11.20)．ただし，テフロンがアークで加熱され軽い成分に分解したとき，パルスごとに少量の凝縮性，かつ毒性のある物質が噴出される．HF，F_2，CF，CF_2，CF_3 は腐食性があり，有毒である．テフロンのみならず，ガラスを浸透させた有機物をソリッド・マテリアルとして推薬とする例もある．

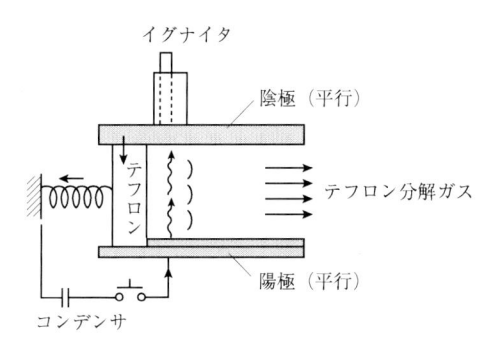

図 11.20 テフロンを使用した例

テフロンは宇宙で保存がきき，取り扱いやすく，著しく焼け焦げることもなく溶融蒸発する．さらに，この装置は図に示すように簡単で，推進薬タンク，バルブ，推進薬供給の同期制御が不要で，0 g での推進薬の供給問題が発生しない利点がある．ほかに推力を変えられることも有利である．不利な点は，スイッチが必要であること，腐食性有毒ガスの排出，熱ロスが大きく効率が低い点である．

後述するように，電磁力を効果的に発生させるためには必然的に kA オーダの大電流が必要である．大電流のアーク放電によって推進剤ガスを電離し，生成プラズマを電磁力によって加速する．アークジェット推進とイオン推進の中間性能をカバーし，推力密度が比較的大きく，その比推力は 1000～5000 秒程度で，推進効率は 10～40 % である．電磁力主体の推進器なので，本質的に推進剤ガスを選ばない．

MPD 推進の作動は，定常型と準定常型 (パルス) があるが，宇宙における電力事情から，準定常型，すなわち 1 ms 程度の放電 (この間，電圧と電流はほぼ

一定)を数 Hz 程度の周波数で繰り返す作動が有望である．放電電流 10 kA，放電電圧 100 V のとき 1 Hz で作動させれば，時間平均電気入力は 1 kW となり，現状の高電圧太陽電池パネルによる直接駆動が可能となる．この作動モードを利用すると，大電流放電にもかかわらず推進機本体の冷却が必要でなく，繰り返し周波数を変化させることにより推力をデジタル制御できる利点がある．

（1） MPD 加速器内の電磁ガスダイナミクス・モデル

円筒型 MPD 内のガスダイナミクス・モデル (図 11.21) を R.G.Jahn[5]に従って考える．

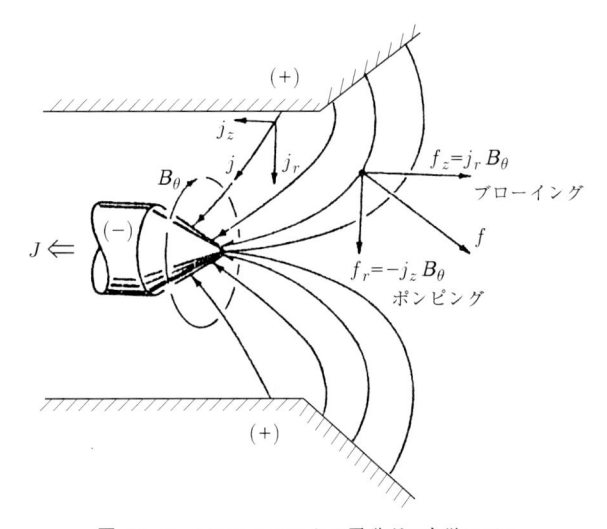

図 11.21 MPD スラスタの電磁ガス力学モデル

この図において，外周側が陽極，中心に陰極があり，電気は図示のように周囲から陰極に向かって流れ込む．陰極に集まって左方向に流れる強大な電流が図示のような磁界を発生する．電流と磁界の干渉により導電体に図のような力が加わる．力の方向は，電流の傾きにより，力の方向も斜め中心に向かう方向となる．その軸方向分力をブローイング (blowing) 成分，中心方向分力をポンピング (pumping) 成分とよぶ．このブローイングの力により，ガスは右方向に加速される．

この図のブローイング力とポンピング力を求めるまえに，図を簡単化して，

電流が円柱状の陰極 (長さ Z_0) に均一に定常的に流れ込む場合を，図 11.22(a) により考える．

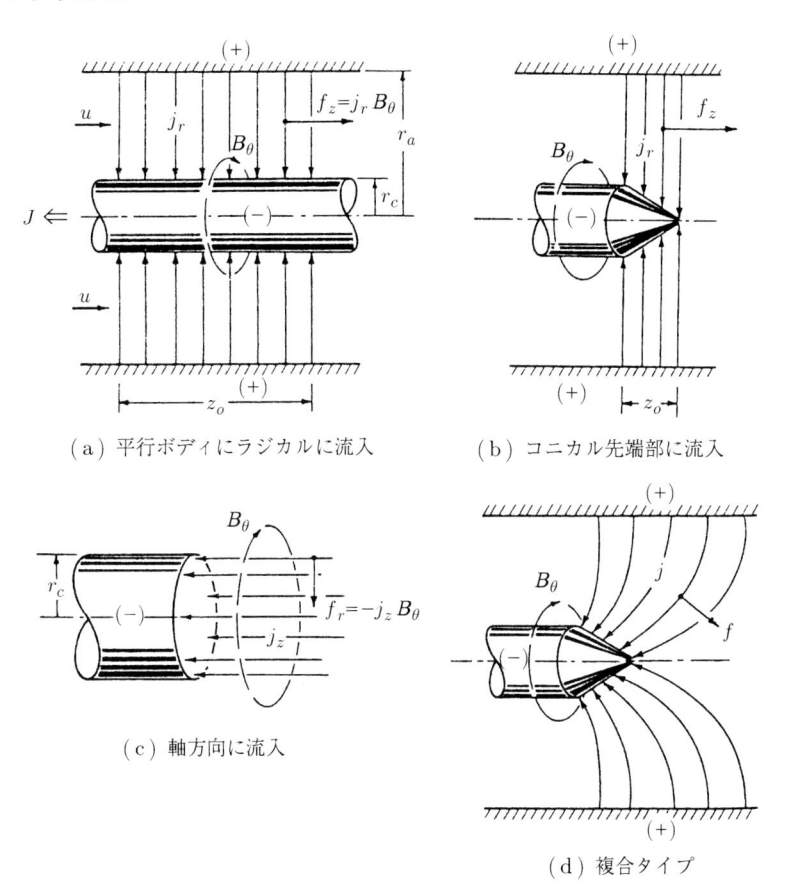

(a) 平行ボディにラジカルに流入

(b) コニカル先端部に流入

(c) 軸方向に流入

(d) 複合タイプ

図 **11.22** 推力計算モデル

このとき，陰極中を流れる J により発生する位置 (r, z) における磁束密度 B は，以下のようになる．

$$B_\theta(r, z) = \frac{\mu J}{2\pi r}\left(1 - \frac{z}{z_0}\right) \tag{11.22}$$

ここで，μ は透磁率である．トータルの電流 $J = 2\pi r z_0 j_r$ であるからボデ・

フォース・密度は，軸方向に，

$$f_z(r,z) = j_r B_\theta = \frac{\mu J^2}{4\pi^2 r^2 z_0^2}(z_0 - z) \tag{11.23}$$

となり，トータルの軸方向の力は，

$$F_z = \frac{\mu J^2}{4\pi^2 z_0^2} \int_0^{z_0} \int_0^{2\pi} \int_{r_c}^{r_a} \frac{z_0 - z}{r^2} r dr d\theta dz = \frac{\mu J^2}{4\pi} \ln \frac{r_a}{r_c} \tag{11.24}$$

となる．この係数 $\mu/4\pi$ は mks 単位で 10^{-7} のオーダとなるため，リーズナブルな陽極，陰極寸法では電流は 1000 A の大きさとなる．

次に，電流が陰極先端の傾いている部分に集中するモデルを，図 11.22(b) のように考える．

この場合は，式 (11.22)，(11.23) は有効であるが，式 (11.24) では r の内部積分の下限を $r_c(1 - z/z_0)$ とする．この結果，軸方向の力は，j_r がカソード表面で均一とすると，

$$F_z = \frac{\mu J^2}{4\pi}\left(\ln \frac{r_a}{r_c} + \frac{1}{4}\right) \tag{11.25}$$

となる．次に，電磁的ポンピング力の貢献度をみるために，図 11.22(c) のように，電流がすべて軸方向に流入する場合を考える．

磁界の強さは r に比例し，

$$B_\theta(r) = \frac{\mu J r}{2\pi r_c^2} \qquad r \leq r_c \tag{11.26}$$

となる．したがって，力の密度はラジアル方向に変化し，これがラジアル方向のガス圧力勾配とバランスする．

$$f_r = j_z B_\theta = \frac{\mu J^2 r}{2\pi^2 r_c^4} = -\frac{dp}{dr} \tag{11.27}$$

カソード上の圧力分布は放物線状になって，

$$p(r) = p_0 + \frac{\mu J^2}{4\pi^2 r_c^2}\left[1 - \left(\frac{r}{r_c}\right)^2\right] \tag{11.28}$$

となる．p_0 は r_c の外の圧力である．$p - p_0$ のカソード表面の積分は，スラストの増分として次のようになる．

$$F_c = 2\pi \int_0^{r_c}(p - p_0)r dr = \frac{\mu J^2}{8\pi} \tag{11.29}$$

上式のように，カソード表面に軸方向から入ってくる電流による力は，J の 2 乗に比例し，カソードの半径に関係しないことになる．このプラズマを圧縮し，陰極先端の圧力を高めた力 F_c は，その反作用として推力を生むことになる．

以上，セパレートして議論した電極をまとめて，図 11.22(d) のようなハイブリッドな状況を考える．

このとき，トータル電磁加速力は，同図 (b) のブローイングと同図 (c) のポンピングを合わせて，

$$F = \frac{\mu J^2}{4\pi}\left(\ln\frac{r_a}{r_c} + \frac{3}{4}\right) \tag{11.30}$$

となる．同図 (a) も加えてまとめると，推力は次の式のように表せる．

$$F = \frac{\mu J^2}{4\pi}\left(\ln\frac{r_a}{r_c} + \alpha\right) \tag{11.31}$$

この α を推力係数とよび，その範囲は，

$$0 \leq \alpha \leq \frac{3}{4} \tag{11.32}$$

となる．

再び，ロケットの推力を表す理論式が，質量流量によらずに表現されることは，イオンスラスタと同様であり，その推力は，放電電流 J の 2 乗に比例する．推力係数 α はカソード端部に流入する電流の割合に依存する．上述したように，全放電電流がカソード側面円筒部にのみ流入する場合には，電磁的力はブローイングのみになり，$\alpha = 0$ である．一方，端部に全電流が均一に流入する場合には，ブローイング成分とポンピング成分の和が最大となり $\alpha = 3/4$ となる．式 (11.31) を見るかぎり，発生電磁気力は，推進剤ガスに無関係にみえるが，実際には，電磁気力は放電室内の電流分布に影響され，その分布は推進剤ガスの種類，流量などに依存する．

なお，MPD スラスタの形状は，DC アークジェットの形状に酷似しているが，それは安定な放電を得るためであって，とくに熱力学的膨張を期待しているわけではないので，ノズルは本来は不用である．

(2) わが国の研究例

わが国には，MPD スラスタの飛行実績がある．宇宙科学研究所が開発し，石川島播磨重工業が製作した，EPEX スラスタがそれである．

1995年3月にH–IIロケットによって打上げられ，1996年1月にスペースシャトルによって回収されたSFU (Space Flyer Unit) 上で，MPDスラスタを含むEPEX(Electri Propulsion Experiment) 実験が行われた．

当初，SFUから1 kWの電力がもらえるものとしてスタートした計画であったが，設計が進むにつれて，電力事情が厳しくなり，最終的には430 Wの配分となった．このため，600 μs パルス放電を150 μs に短縮せざるをえなかったが，貴重な宇宙実験の機会を逃すことなく，キーテクノロジーの確認のために開発を進めたものである．EPEXの主要諸元を表11.6に，スラスタ放電部を図11.23に示す．

表 11.6 EPEX の主要諸元[6]

重量 (PLU–2 共通機器を含まず)	43.13 kg (38.43 kg)
電力消費量 (最大割当)	430 W
推進剤	ヒドラジン
PFN 容量	2240 μFx2μH, 1段
放電パルス幅	150 μ 秒
繰り返し放電周期	0.5〜1.8 Hz
放電電流値 (最大)	6 kA
推力／電力比 (ピーク値)	20 mN/kW 以上
比推力 (ピーク値)	1000 秒以上
コマンド数	9 個
データ伝送レート	625 bps 以下
安全性確保	NASA NHB1700.7B による

写真のスラスタ放電部は，自己誘起磁場の同軸型放電部で，中心に 10 mmϕ の酸化バリウムを含浸させたポーラス・タングステン製陰極があり，そのまわりに8個のモリブデン製の陽極を均等に配置することで，アーク放電の周方向一様性を確保している．また，ノズルは窒化ホウ素の積層構造である．スラスタ周辺の黒い円板は放熱板であり，側面図に見えるのが2個つけられた高速電磁弁 (FAV, Fast Acting Valve) の一つである．FAVの排熱のために2本のヒートパイプが取り付けられた．

(3) 軌道上での推力測定

図11.24は，EPEXが繰り返し放電している前後の期間のSFUに搭載された，モーメンタム・ホイールの累積制御量で，N·ms 単位で表されている．EPEX

(a) 正面

(a) 側面

図 11.23 MPD 放電スラスタ放電部

噴射前は，自然擾乱に対し右上がりの制御を行っていたが，EPEX の繰り返し運転が開始されると，EPEX の発生した推力により，右下がりの制御となった．自然擾乱との差が，SFU に与えたトルクに起因する外乱である．算定の結果，EPEX が発生したインパルスは 3.6 Nm·s であり，地上試験結果と一致した．タンクの推薬消費率とその間の繰り返し数 132 回から算出した一回の放電当たりの推薬消費量は 1.19mg であった．これは，150 μs 放電の値であり 1 kW 級 (600 μs) になおすと，比推力は約 1100 s に相当するものであった．

11. 電気推進

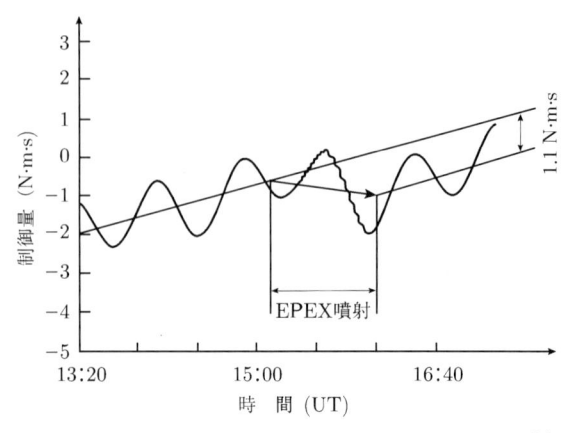

図 11.24 SFU 搭載モーメンタム・ホイールの制御量変化[6]

例題 11.1 次のイオンスラスタの推力，比推力，質量流量，噴出ジェットのパワー (仕事) およびスラスタ効率を求めよ．

条件：作動流体　　　　　　　：キセノン (Xe：原子量 131.3)
　　　グリッドのネット電圧　　：1000 V
　　　グリッド間の距離 x_a　：1.5 mm
　　　グリッドの各ホールの径　：2.0 mm
　　　グリッドのホール数　　　：3000
　　　付加電力　　　　　　　　：840 W

解 推力：$\beta_0 = 8.85 \times 10^{-12}$ F/m および式 (11.21) より，ホール 1 個当たり，

$$F = \frac{\pi}{4}(2\times 10^{-3})^2 \times \frac{8}{9} \times 8.85 \times 10^{-12} \times \left(\frac{1000}{1.5 \times 10^{-3}}\right)^2 = 1.098 \times 10^{-5} \text{ N}$$

全体では，

$$F = 1.098 \times 10^{-5} \times 3000 = 0.03295 N = 32.95 \text{ mN}$$

噴出速度：プロトンの質量 1.672×10^{-27} kg，電子の電荷 (イコール陽イオンの電荷) 1.602×10^{-19} C，キセノンの原子量 131.3 および式 (11.15) より，

$$v = \left[\frac{2eV}{M}\right]^{1/2} = \left[\frac{2 \times 1.602 \times 10^{-19} \times 1000}{1.672 \times 10^{-27} \times 131.3}\right]^{1/2} = 38202.8 \text{m/s}$$

比推力：

$$I_{sp} = \frac{v}{g_0} = \frac{38202.8}{9.80} = 3898.2 \text{ s}$$

質量流量：
$$\dot{m} = \frac{F}{v} = \frac{32.95 \times 10^{-3}}{38202.8} = 8.625 \times 10^{-7} \text{ kg/s} = 8.625 \times 10^{-1} \text{ mg/s}$$
噴射速度エネルギーによる仕事：
$$\frac{1}{2}\dot{m}v^2 = \frac{1}{2} \times 8.625 \times 10^{-7} \times 38202.8^2 = 629.3 \text{ W}$$
このときのスラスタ効率：
$$\eta = \frac{629.3}{840} = 0.747$$

例題 11.2 地球低軌道を周回している電気推進ロケットがある．次の諸元を持つとき，この電気推進ロケットの総質量と増速量を求めよ．

条件：比推力 $I_{sp} = 2000$ s

推力 $F = 0.30$ N

期間 2.592×10^6 秒 (30 日間)

ペイロード質量 $m_{p_l} = 100$ kg

動力装置感度 $\alpha = 10.0$ kg/kW

推進効率 $\eta = 0.50$

解 推薬流量 $\dot{m}$ は，I_{sp} の定義より，
$$\dot{m} = \frac{F}{I_{sp}g_0} = \frac{0.30}{2000 \times 9.80} = 1.530 \times 10^{-5} \text{ kg/s}$$
必要推薬量 m_p は，
$$m_p = \dot{m}t = 1.530 \times 10^{-5} \times 2.592 \times 10^6 = 39.65 \text{ kg}$$
必要電力 P_e は，式 (11.4) より，
$$P_e = \frac{FI_{sp}g_0}{2\eta} = \frac{0.30 \times 2000 \times 9.80}{2 \times 0.50} = 5.880 \text{ kW}$$
式 (11.6) から，電力供給装置の質量 m_{pp} は，
$$m_{pp} = \alpha P_e = 10.0 \times 5.880 = 58.80 \text{ kg}$$
したがって，エンジンスタート前の質量 m_{l_1} は，
$$m_{l_1} = m_{p_l} + m_p + m_{pp} = 100.0 + 39.65 + 58.80 = 198.45 \text{ kg}$$
エンジンカット後の質量 m_{final} は，
$$m_{final} = m_{p_l} + m_{pp} = 100.0 + 58.80 = 158.8 \text{ kg}$$
真空，無重力下での増速量 Δv は，
$$\Delta v = c \ln\left(\frac{1}{\text{MR}}\right) = 2000 \times 9.80 \ln\left(\frac{198.45}{158.8}\right) = 4368.6 \text{ m/s}$$

となる.

例題 11.3 出力 100 kW, 電力供給装置の質量感度 $\alpha = 1.0$ kg/kW のとき, 2000 kg の推薬量および 3000 kg のペイロードに対して, 次の各ケースについて推力, 増速量, および推力飛行時間を求めよ.

条件：(a) アークジェット $I_{sp} = 550$ s $\eta = 0.60$
　　　(b) イオンロケット $I_{sp} = 2100$ s $\eta = 0.82$
　　　(c) MPD スラスタ $I_{sp} = 1600$ s $\eta = 0.70$

解 (a) 電力供給装置の質量は, α が 1.0 であるから 100 kg である. したがって増速量 Δv は,

$$\Delta v = I_{sp} g_0 \ln(1/\mathrm{MR}) = 550 \times 9.80 \ln\left(\frac{100 + 3000 + 2000}{100 + 3000}\right)$$
$$= 2683.3 \text{ m/s}$$

推力 F は式 (11.4) から,

$$F = \frac{2P_e \eta}{I_{sp} g_0} = \frac{2 \times 100 \times 10^3 \times 0.60}{550 \times 9.80} = 22.26 \text{ N}$$

流量 $\dot{m}$ は, I_{sp} の定義より,

$$\dot{m} = \frac{F}{I_{sp} g_0} \frac{22.26}{550 \times 9.80} = 4.129 \times 10^{-3} \text{ kg/s}$$

したがって, 推力飛行時間 t は,

$$t = \frac{m_p}{\dot{m}} = \frac{2000}{4.129 \times 10^{-3}} = 4.843 \times 10^5 \text{ s}$$

(b) 同様に,

$$\Delta v = 2100 \times 9.8 \ln \frac{5100}{3100} = 10245.5 \text{ m/s}$$
$$F = \frac{100 \times 10^3 \times 2 \times 0.82}{2100 \times 9.80} = 7.968 \text{ N}$$
$$\dot{m} = \frac{7.968}{2100 \times 9.80} = 3.871 \times 10^{-4} \text{ kg/s}$$
$$t = \frac{2000}{3.871 \times 10^{-4}} = 5.166 \times 10^6 \text{ s}$$

(c) 以下同様に,

$$\Delta v = 1600 \times 9.8 \ln \frac{5100}{3100} = 7806.5 \text{ m/s}$$
$$F = \frac{2 \times 100 \times 10^3 \times 0.70}{1600 \times 9.80} = 8.928 \text{ N}$$
$$\dot{m} = \frac{8.928}{1600 \times 9.80} = 5.693 \times 10^{-4} \text{ kg/s}$$

$$t = \frac{2000}{5.693 \times 10^{-4}} = 3.513 \times 10^6 \text{ s}$$

DC アークジェットは，推力は大きいが，流量も多く推薬をはやく消費する．性能の良いイオンロケットは，流量が少なく飛行時間も長く，結局トータルインパルスが一番大きい．MPD スラスタはその中間の性能を示している．

参考文献

[1] S.Hiratsuka, T.Yoshikawa et al.; Thrust Performance and Thermal Anaylysis of a Low Power Arcjet Thruster, IEPC-99-033, 1999 年
[2] 鈴木弘一: Thrust Measurements of DC Arcjet Thruster, 第一工業大学研究報告，第 15 号，p.37〜40，Fig.3, Fig.4, Fig.10, Fig.11，2003 年
[3] F.M.Curran,C.J.Samiento; Low Power Arcjet Performance Characterization, AIAA-90-2578, 1990 年
[4] 北村正治，竹原春貴：イオンエンジンの現状と展望，日本航空宇宙学会誌 Vol.46, No.530, p.139，第 1 図，1998 年
[5] R.G.Jahn; Physics of Electric Propulsion, McGraw-Hill, New York, 1968
[6] 都木恭一郎，清水幸夫，栗木恭一：SFU (Space Flyer Unit) の EPEX (Electric Propulsion Experiment) 実験，日本航空宇宙学会誌，Vol.46, No.530, p.162，第 2 表，第 6 図，p.166，第 16 図，1998 年

索　引

あ　行

アーク　131
アークジェット　13, 130
アームストロング　5
圧縮率　146
圧伸式　107
圧力指数　88
圧力損失　63
圧力不感推進剤　89
圧力復式　75
アトラス　3
アトラスロケット　4
アニュラー型ノズル　38
アニュラノズル　37
アブレーション冷却　69
アポロ11号　5
アポロ宇宙船　5
アポロ計画　4
アルゴン　145
アルミニウム　103
イオン　131
イオン化ポテンシャル　147
イオンスラスタ　130
イオンビーム　146
イオンロケット　142
異種衝突型　69
一般ガス定数　31
陰極　135
インジェクター　32
インシュレータ　137
インテグラル構造　4
インデューサ　73, 78
引力　114
宇宙開発事業団　7
宇宙科学研究所　7
宇宙機　134
宇宙機(スペースクラフト)　142
運動量理論　15

エキスパンダ・サイクル　59
液体空気　146
液体酸素　46
液体推進薬　44
液体水素　46, 49
液体ロケット　11
エゼクタ　36
エポキシ樹脂　96
エルスター　64
エレクトロン・フラックス　147
エンタルピー　22
エンタルピドロップ　75
円盤摩擦損失　63
応力　107, 109
応力緩和現象　109
応力集中　95
おおすみ　7
オービタ　5
オープンサイクル　57
押出　102
オリフィス　56
オリフィスの流量係数　70
音響振動　107
温度感度　108
温度サイクル　107

か　行

加圧圧送式　12
カーボン　69, 96
カーボン繊維強化プラスチック　97
解析解　117
解析関数　120
解析的積分　118
回転(スピン)　90
解離　51
改良型フランジ　97
カウフマン　144
カウフマン型　148
過塩素酸アンモニウム　88

索 引

過塩素酸アンモニウム (AP)　103
過塩素酸カリウム (KP)　103
過塩素酸ニトロニウム (NP)　103
化学ロケット　11, 14
過酸化水素　47
ガス加圧供給サイクル　55
ガス加圧式ロケット　12
ガス常数　23
ガス発生器　11
ガス発生器サイクル　57
加速・減速のコンセプト　147
加速グリッド　145
加速度　90
可塑剤　103
カッパ6型　7
可動ノズル　99
加熱 (キュア)　110
カプス (尖頭) 状の磁場　148
カプス磁場型　148
過膨張　34
ガラス　96
ガラス繊維　69
カリウム　145
管状グレイン　94
機械効率 η_m　63
機械的強度　102
機械的損失　63
機械的特性　102
気化熱　46, 68
きく2号　8
キセノン　142, 145
気蓄器方式　55, 56
軌道修正用エンジン　56
逆止弁　55
キャビテーション　76
キュア　110
キンク状　136
均質型　103
金属粉末　107
空間電荷　143
空間誘電率　143
空気抵抗　112, 113
クーラント・ブリード・サイクル　59
クラック　110
グラビティターン　119

クリープ現象　109
グリッド電極　145
クリプトン　145
グレイン形状　93
クローズサイクル　57
軍用ミサイル　86
経済性　44
軽量化　114
結合剤 (バインダー)　103
ケブラー　96
ケロシン　47
限界電流密度　144
研磨　111
高温軟化点　102
工業単位　16
航空宇宙局　3
高空燃焼試験設備　36
構造効率　125
高速電磁弁　156
高電圧モード　136
高電位放電　137
高度補償型ノズル　37
高度補償型のノズル　37
喉部　32
抗力 D　115
抗力係数 C_d　115
コーン型　37
小型モータ　86
固体推進剤　13, 102
固体ロケット　11〜13
コニカルノズル　65
コロイド状　103
混合流れ　98
コンスタント・スラスト　112
コンストリクタ　136
コントラクション・レシオ　64
コンポジット化ダブルベース推進剤　103
コンポジット推進剤　88, 103
混和　102, 111

さ 行

サーマルフィラメント　145
サイクル　55
再結合　51
最終速度 v_f　113, 114

サイジングステージング 125
再生冷却 67
最大断面積 115
最大燃焼時間 t_a 92
最適膨張比 31
サイドインジェクション方式 98
サステーナ 3
サターンVロケット 5
酸化剤ポンプ 11
三次元カーボン・カーボン材 97
シースター 17
シール方法 96
シェアー型 69
ジェットA1 47
ジェットの仕事 133
ジェミニカプセル 4
シガレット式燃焼グレイン 94
時間依存性 109
軸流型 74
軸流型ポンプ 78
仕事関数 146
仕事当量J 21
自己誘起磁場 156
四酸化窒素 46, 49
姿勢制御用小型スラスタ 48
自然発火 45, 50
磁束密度 B 150
実物大モータ 86
質量比 MR 18, 112
自燃性 103
シャワー型 70
収縮比 64
修正係数 λ 65
周方向の応力 95
自由流境界面 38
重力 112
重力加速度 115
重力がはたらく空間 131
主エンジン 5
縮小拡大管 29
縮流係数 71
主翼面積 115
準定常型 (パルス) 151
蒸気圧 45, 46
衝撃波 29

衝撃波面 35
硝酸 46
硝酸アンモニウム 88
硝酸アンモニウム (AN) 103
状態方程式 23
衝動タービン 75
衝突型 69
消費電力 134
触媒 48
初速 113
ジョン・グレン 4
深宇宙探査 130
真空環境 111
シングルベース推進剤 103
人工衛星 7
侵食 (エロージョン) 96
侵食燃焼 89, 93
ジンバリング機構 98
ジンバリング方式 98
シンプソンの公式 119
水銀 142, 145
吸込比速度 S_s 78
吸込み揚程 76
推進剤グレイン 86
推進剤搭載率 18, 112
水素 145
推薬弁 56
推力係数 33, 155
推力係数 C_F 34
推力室 63
推力/電力比 132
推力密度 132, 150
数値的に解く 117
ステーション・キーピング 133
ストランドバーナ 86
スパイク 38
スパイク型 38
スプートニク2号 2
スプートニク人工衛星 2
スペースクラフト 134
スペースシャトル 5
スペースシャトル・メインエンジン 60
すべり 109
スラスト・アーム 139
スロート 32

索　引　**165**

静温　25
制限燃焼式ロケット　93
静止軌道　8
静止軌道重量　126
静電加速型　130
性能　44
赤煙硝酸　48
積層構造　156
セシウム　142
接触電離型　144, 145
全エネルギー　22
全温　25
遷音速域　116
全質量の比　124
センターボディ　38
全段ペイロード比　126
前置燃焼器　59
セントール　4, 59
全備重量比 I_p　93
総温　25
ソー　3
ソーセージ状　136
速度損失　122
速度復式　75
ソユーズ　3
ソユーズT　3

た　行

タービン速度比 u/c_0　75
ターボポンプ　57, 72
ターボポンプ供給サイクル　56
大加速度　90
大気層　122
台形公式　119
タイタンⅡ　4
帯電　142
太陽系脱出　133
多段ロケット　123
タップオフ・サイクル　58
ダブルベース推進剤　103
炭化水素系燃料　47
タングステン　137
タングステン合金線　131
弾性　102
断熱剤　86

断熱流れ　25
断熱変化　24
端面燃焼型　94
チェックバルブ　56
窒化ホウ素　137
チップ径　79
注型式 (鋳造)　107
中空陰極 (ホローカソード)　147
鋳造　102
チューブ構造　67
中和　142
中和器　145
チョーク状態　28
貯気槽状態　31
貯蔵型推薬　4
低温脆化点　102
低軌道重量　126
定常型　151
適正膨張　34
低電圧モード　136
低電位放電　137
テフロン　151
デルタロケット　7
電位ポテンシャル　143
電界　143
電荷交換　146
電気推進　130
電気ロケット　11
電磁ガスダイナミクス・モデル　152
電磁加速型　130
電子衝突型　144
電磁的ポンピング力　154
電動アクチュエータ　99
電熱加速型　130
電波障害　107
電流密度 J　150
電力インプット　133
電力供給装置　134
等エントロピー流れ　26
等温変化　23
凍結流　51
搭載コンピュータ　125
同軸型　70
同軸タイプ　11
同種衝突型　69

透磁率　153
導電率 σ　150
トータルインパルス　16
トーチイグナイタ　49
特性排気速度　36
特性排気速度 c^*　17
トランスファー軌道重量　126
トリウム　137

な 行

内部エネルギー　21
内部着火　106
内面燃焼型　94
長手方向の応力　95
ナビア・ストークス式　137
二段燃焼サイクル　59
ニトログリセリン　103, 105
ニトログリセリン (NG)　103
ニトロセルロース　103, 105
ニトロセルロース (NC)　103
ニュートンの第 2 法則　112
熱設計　62
熱電子放出　136
熱膨張係数　102, 109
燃焼圧　63
燃焼圧力限界　102
燃焼開始時間　92
燃焼指数　88
燃焼室特性長さ L^*　64
燃焼終了時間　92
燃焼振動　62, 72
燃焼制限剤　103
燃焼速度　86, 88, 102
燃焼速度触媒　104
燃焼特性　102
燃焼不安定　107
燃焼面積　87, 93
燃焼面積 A_b　91
燃焼面積の比 K　91
粘性　25
粘弾性体　109
燃料ポンプ　11
ノズル　32
ノズルコーン　86
ノズルの侵食　107

は 行

ハードウエア重量　93
ハイブリッドロケット　13
ハイモード　137
はがれひずみ点　109
白煙硝酸　48
爆発　44
薄膜理論　95
剥離ライン　34, 35
発煙性　108
バックアップシール　96
パルス　150
パワーサプライ　134
バンガード衛星　2
ハンマーヘッドタイプ　123
万有引力定数　114
ヒートシンク　98
ヒートパイプ　156
非化学ロケット　14
比較回転数 N_s　73
飛行マッハ数　115
比重　45
比重比推力　45
比重量　46
微小重力空間　131
比推力　16
比推力 I_{sp}　113
ひずみ　107, 109
ひずみ量　109
非制限燃焼式ロケット　93
被積分関数　118
非対称ジメチルヒドラジン　46, 49
ピッチングプログラム　119
ピッチング力　119
ヒドラジン　46
ヒドラジン分解ガス　131
比熱　22, 46
比熱比　23
非粘性ガス　26
標準重力加速度　16
フィラメント・ワインデング　96
フィルム冷却　68
ブースタ　3
風洞試験　115

索　引　**167**

フォン・ブラウン　1
不均質型　103
複合材繊維　96
腐食性　44
不足膨張　34
フッ化水素　48
沸点　46
不透明化添加物　104
プラズマ　149
プラトー推進剤　89
振り子式推力測定装置　138
フレキシブルジョイント　99
プレバーナー　59
フレミングの左手の法則　149
ブローイング (blowing)　152
ブローダウン方式　55, 56
プロペラント・マス・フラクション　18, 112
プロペラントバルブ　56
分割部　95
噴射器　32, 69
噴射器差圧　63
分子量　23, 46
ベアリング　139
平均重力加速度　120
平均比重　45
平均有効排気速度　120
平衡定数　51
平衡流　51
閉塞状態　28
ペイロード　113, 124
ペイロード比　124
ヘリウム　145
ベル型　37
変位抵抗　139
ベンチュリ　29
ポアソンの方程式　143
放射冷却　69
放熱板　156
飽和蒸気圧 H_{vp}　76
ホールスラスタ　130
星形グレイン　95
星形内面燃焼型　94
保持ラッチ　96
ボス径　79
ポリウレタン (PU)　106

ポリ塩化ビニール (PVC)　106
ポンピング (pumping)　152
ポンプ加圧式ロケット　12
ポンプ供給式　12

ま　行

マーキュリ・アトラス　4
マーキュリカプセル　4
摩擦損失　26, 77
末端水酸基ポリブタジエン (HTPB)　106
マッハ数　26
マレージング鋼　96
溝型構造　68
無煙性　107
迎え角 α　115
無重力　113
無溶剤法　110
メタン　46
モーメンタム・ホイール　156
モノメチルヒドラジン　46, 49

や　行

有効 NPSH　77
有効燃焼時間 t_b　92
有効排気速度 c　16, 113
有人宇宙船ボストーク　3
融点　46
誘導制御機器　125
誘導電子機器　113
ユーリ・ガガーリン　3
要求 NPSH　77
陽極　135
揚程　73
揚程係数 ξ　74
揚力 L　115
揚力係数 C_l　115
横方向推力　116

ら　行

ライニング　86
ラオの方法　66
ラグランジュの未定係数法　125
ラバール　31
ラバールノズル　29
ランデブ・ドッキング　130

リフトオフ　121
流量係数 ϕ　78
理論膨張速度　75
臨界点　146
累積効果損傷　109, 110
レギュレータ　55
レジスト　131
レジストジェット　130, 131
連続　150
老化性　108
ロードセル　139
ローモード　137
ロール運動　116

わ 行
惑星間航行　133

［英数先頭］
2軸タイプ　11
2点衝突型　69
3D-C/C　97
3点衝突型　69
A-1ロケット　3
A-2ボスホート　4
A-2ロケット　3
A-50　50
annular nozzle　37
Ariane 44L　126
Ariane 5　126
Atlas II AS　126
available NPSH　77
Aロケット　2
booster　3
boron nitride　137
Centaur II A　126
CFD (Computational Fluid Dynamics)　77
CFRP　97
Coolant Bleed Cycle　59
c^*　36
De Laval　31
Delta 7925　126
Doublet　69
E-Dノズル　37

ε_c　64
EHT(Elrctro-thermal Hydrazine Thruster)　132
electron bombardment　144
electrostatic　130
electrothermal　130
EPEX(Electri Propulsion Experiment)　156
EPEXスラスタ　155
equilibrium constant　51
erosive burning　89
Excel　120
Expander Cycle　59
F-1　58
F-1エンジン　5
Fannoの方程式　27
Fast Acting Valve　156
FAV　156
frozen　51
G.V.R.Rao　66
Gas Generator Cycle　57
H-Iロケット　8
H-IIロケット　9
H-II　126
heterogeneous type　103
High Altitude Test Stand, HATS　36
high-gravity field　131
homogeneous type　103
Injector　69
integral type structure　4
ion contact　145
IRFNA(Inhibited RFNA)　48
J-2　58
J-2エンジン　5
JANAF Thermochemical Table　51
JPN型ダブルベース　88
K-6型　7
Kaufman　144
L-4Sロケット　7
LE-5　58
LE-5B　59
LE-5エンジン　8
LE-7　60
LE-7エンジン　9
low-gravity field　131

M–Vロケット　7
MB–3　58
MIL　47
MIL–F–25576　49
MIL-P-25508　47
MMH　49
MPD　130
MPD推進　131
MPDスラスタ　149
N–Iロケット　7
N–IIロケット　8
NASA　3
NASAルイス研究所　144
Navier-Stokes　137
Net Positive Suction Head　77
NPSHa　77
NPSHr　77
orbiter　5
PPT(Pulse Plasma Thruster)　132
required NPSH　77
RFNA(Red fuming nitric acid)　48
RL–10エンジン　59
RP-1　46, 47

SFU(Space Flyer Unit)　156
shifting　51
Shower head　70
SI単位　16
Soyuz　126
SSME　5, 60
Staged Combustion Cycle　59
storable propellant　4
suction head　76
sustainer　3
Tap-off Cycle　58
Th　137
thorium　137
Titan IV　126
Triplet　69
UDMH　49
V2号ロケット　1, 2
Valcain　58
Von Braun　1
WFNA(White fuming nitric acid)　48
X–1　47
X–15　47

監 修 者 略 歴

中村　佳朗（なかむら・よしあき）
- 1978 年　名古屋大学大学院工学研究科博士課程後期課程修了
         工学博士
- 1981 年　NASA エームス研究所 NRC 研究員
- 1986 年　名古屋大学工学部助教授
- 1991 年　名古屋大学工学部教授
- 1997 年　名古屋大学大学院工学研究科教授
- 2014 年　中部大学工学部教授
         現在に至る

著 者 略 歴

鈴木　弘一（すずき・こういち）
- 1968 年　名古屋大学大学院工学研究科修士課程修了
- 1968 年　石川島播磨重工業株式会社　入社
- 1999 年　第一工業大学工学部航空工学科教授
- 2007 年　第一工業大学工学部航空宇宙工学科教授
- 2014 年　第一工業大学退職
         現在に至る

ロケットエンジン　　　　　　©中村佳朗・鈴木弘一　*2004*

2004 年 4 月 30 日　第 1 版第 1 刷発行　【本書の無断転載を禁ず】
2025 年 2 月 10 日　第 1 版第 8 刷発行

監修者　中村佳朗
著　者　鈴木弘一
発行者　森北博巳
発行所　森北出版株式会社
　　　　東京都千代田区富士見 1-4-11（〒102-0071）
　　　　電話 03-3265-8341／FAX 03-3264-8709
　　　　https://www.morikita.co.jp/
　　　　日本書籍出版協会・自然科学書協会　会員
　　　　JCOPY <(一社)出版者著作権管理機構　委託出版物>

落丁・乱丁本はお取替えいたします　　　印刷・製本／ワコー

Printed in Japan／ISBN978-4-627-69041-7